고마운
존재들의
생태학

© "Gracias a la vida" by Miguel Delibes de Castro, 2024
© Ediciones Destino, an imprint of EDITORIAL PLANETA, S.A.U., 2024.
All rights reserved.

Korean language edition © 2025 by DUSINAMU
Korean translation rights arranged with EDITORIAL PLANETA, S.A.U.
through EntersKorea Co., Ltd., Seoul, Korea.

이 책의 한국어판 저작권은 (주)엔터스코리아를 통한 저작권사와의 독점 계약으로 두시의나무가 소유합니다. 저작권법에 의하여 한국 내에서 보호를 받는 저작물이므로 무단전재와 무단복제를 금합니다.

고마운 존재들의 생태학

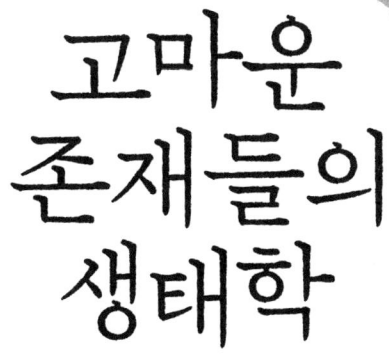

미겔 델리베스 데 카스트로 지음

남진희 옮김

GRACIAS A LA VIDA

지구 교양인이 알면
반할 수밖에 없는
열 편의 소중한 생물의 세계

지난 52년, 33년을 각각 나와 함께했던
스페인 국립과학연구위원회CSIC 소속 도냐나 생물학연구소와
스페인 포유류 보전과 연구를 위한 학회SECEM의
동료와 친구들에게.

이들은 언제나 한결같이 내게 길을 제시해주었고
단 한 번도 내 기대를 저버린 적이 없다.

"생물다양성과 자연이 인간에게 이바지한 모든 것은
우리 인류의 공동 유산이자 우리 생명을 유지하기 위한
가장 중요한 보안 시스템이다."
/
생물다양성 및 생태계 서비스에 관한 정부 간 패널IPBES과
아르헨티나 코르도바 국립대학교의 산드라 M. 디아스,
2019년 기술 및 과학 연구 부문 아스투리아스 공주 상 수상식에서

"에덴으로부터의 추방은 우리 인간의 기원,
다른 생명체와의 관계, 선과 악,
그리고 궁극적으로 우리 스스로 인간의 멸종을 초래할지도
모른다는 사실에 대해 깊이 성찰할 기회를 주었다."
/
비루테 M. F. 갈디카스, 『에덴의 벌거숭이들』

차
례

이 책을 쓴 이유
살아 있기에 더 아늑한 우리 지구 _11

우리 병을 치료해주는
잡초 덕분에 _23

토양을 비옥하게 해주는
지렁이 덕분에 _51

육지에서 생명을 지탱해주는
균류 덕분에 _75

들판을 청소해 질병으로부터 구해주는
콘도르 덕분에 _107

우리 몸속에서 살아가기에 어쩌면 '우리'라고도 할 수 있는
미생물 덕분에 _133

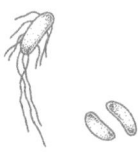

우리가 먹는 식물들이 잘 자라게 해주는
딱정벌레 덕분에 _163

우리가 숨 쉬도록 산소를 방출하는
식물성 플랑크톤 덕분에 _191

잠재적 해충을 통제하는
박쥐 덕분에 _217

물을 정화하고 해안을 보호하는
굴 덕분에 _245

나무와 관목의 씨를 퍼뜨리는
여우 덕분에 _273

에필로그
이렇게나 많은 것을 주는 모든 생명에 감사하며 _301

감사의 말 _321

• 본문의 각주는 옮긴이 주다.

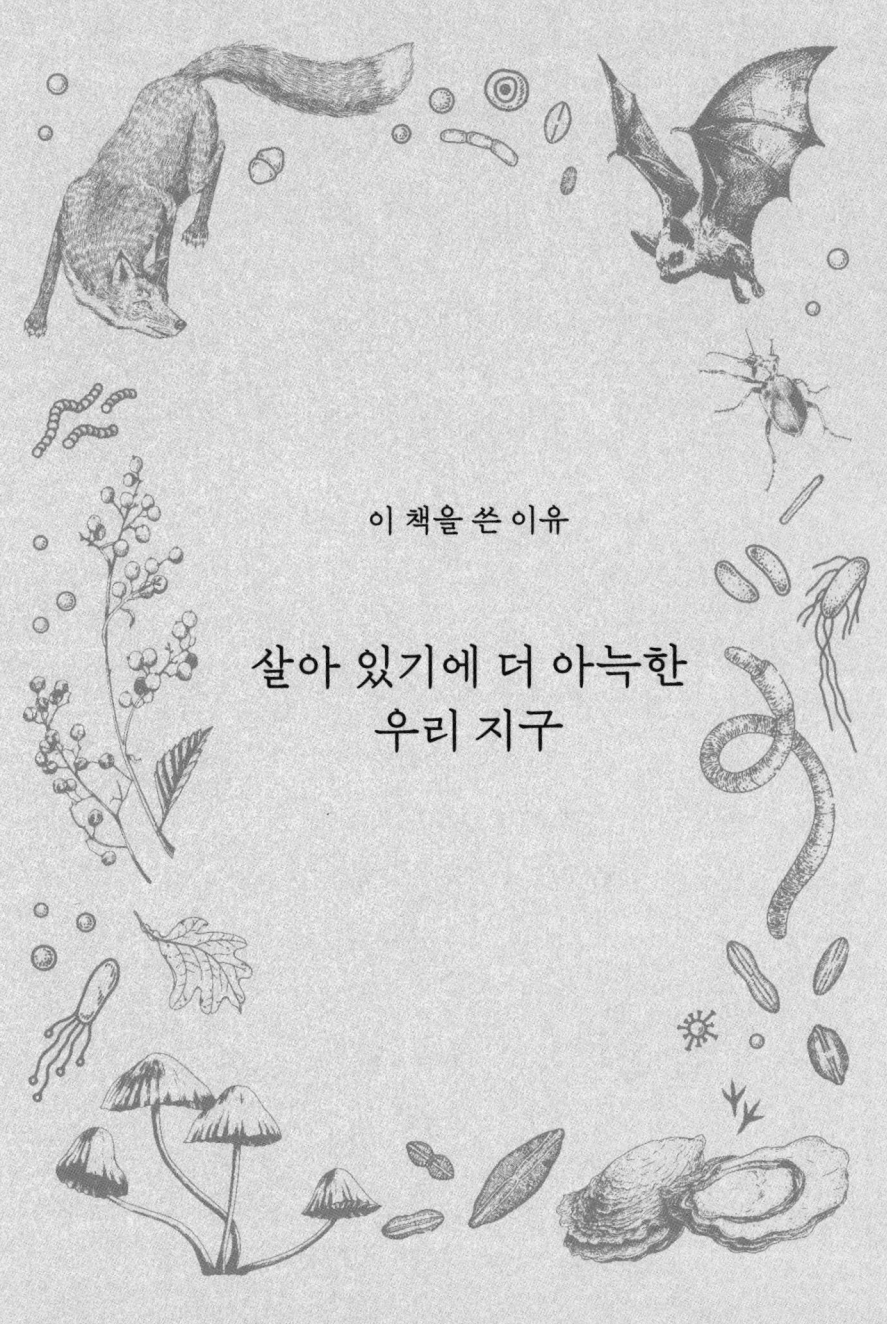

이 책을 쓴 이유

살아 있기에 더 아늑한 우리 지구

세계적으로 위대한 작곡가이자 가수인 칠레 출신의 비올레타 델 카르멘 파라 산도발은 1966년 자식들과 함께 작업한 마지막 앨범을 발표했다. 첫 곡의 제목은 〈생명에 감사하며 Gracias a la Vida〉였다. 오늘날 이 노래는 전 세계에 널리 알려진 덕에 많은 사람이 어디선가 한 번쯤은 들어봤을 것이다. 그만큼 이 곡은 우리 삶의 한 풍경으로 자리 잡았다. 세실리아, 메르세데스 소사, 알베르토 코르테스, 존 바에즈, 라파엘, 플라시도 도밍고, 차벨라 바르가스, 마리아 돌로레스 프라데라, 라우라 파우시니를 비롯해 수십 혹은 수백 명의 위대한 예술인들이 새로운 버전의 노래를 만들었는데, 이들의 노력 또한 헛되지 않았다.

이 곡의 각 연은 "나에게 많은 것을 준 생명에 감사합니다"라는 말로 시작하는데, 마지막 연도 똑같은 말로 끝맺는다. 이 아름답기 그지없는 글귀는 창작자 자신의, 아니 모든 인간의 생명을 유지하고 즐기는 능력을 예찬하고 있다. 그녀는 볼 수 있고, 들을 수 있고, 말할 수 있고, 걸을 수 있고, 느낄 수 있고, 사랑할 수 있게 해준 존재에게 무한히 감사해한다. 그뿐만이 아니다. "인간의 지적 능력이 맺은 열매"에, 웃음에, 눈물에 감사한다. 이 노래는 휴머니스트의 찬가로 여겨지기도 하는데, 이는 부정할 수 없는 사실이다. 그렇지만 이 노래는 인간에게만 머무르고 말았다. 비올레타는 이 노래에서 귀뚜라미와 카나리아를 언급하긴 했지만, 생명이라는 것이 우리 인간을 뛰어넘어 훨씬 더 광범위하다는 사실과, 우리 주변에 수많은 생명이 존재한다는 사실, 그리고 그녀가 그렇게까지 찬미한 우리 인간의 행복은 이런 생명들에게 엄청난 빚을 지고 있다는 사실까지는 미처 생각하지 못했다. 이를 무시한 것은 분명하다. 1970년대만 해도 누구도 여기까진 생각지 못했다. 심지어 오늘날에도 대부분 이를 의식하지 못한다.

작가이자 나의 아버지인 미겔 델리베스가 내가 살고 있던 세비야로 전화를 걸어 모호한 태도로 함께 책을 써보자는 제안을 한 지도 벌써 20여 년이 흘렀다. (거짓말 같다는 생각이 든다!) "네가 정말 바쁘다는 건 잘 알고 있으니 반드시 함께 일해야 한다는 의무감까진 느낄 필요가 없다. 하지만 함께 책을 쓰고 싶은 내 마음만은 알아줬으면 좋겠다. 잘 생각해보고 언제 가능할지 답해주렴." 나는 아버지가 전화를 끊으시려는 것을 막았다. 그때 아버지는 83세였고, 암과 후유증으로 수차례 수술을 받은 후였다. ("나는 영원히 회복기를 누리며 살아갈 거야"라고 말씀하시곤 했다.) 당시에 아버지는 혼자 뭔가를 하실 만한 용기와 힘이 없었기에, 간절하게 원하시는 것이 있다는 것만으로도 나는 아버지를 적극적으로 돕고 싶었다. 게다가 아버지가 기대한 만큼 나 역시 아버지 곁에서 함께 작업도 하고 책도 내길 원했다. 다만 언제, 어떻게 시간을 낼 수 있을지 상상조차 힘들던 시기였다. 내 대답은 이랬다. "그런 생각 하실 필요 없어요. 우린 그 책을 쓸 수 있을 거예요. 언제, 어떻게 시간을 낼 수 있을지는 한번 봐야겠지만, 여름 방학도 좋은 선택지가 될 것 같아요." 몇 달 후 결과물인 『상처받은 지구』가 세상에 나왔다. 이 책은 우리가 지구 환경 문제에 대해 주고받은 대화를 글로 옮긴 것이다.

    아버지와 이야기를 나누며, 아버지처럼 많이 교육받고 충분한 교양을 갖춘 사람도 생명의 풍요로움을 의미하는 생물다양성의 가치를 적절하게 평가하기가 얼마나 어려운지 확실히 깨달았다. 우리는 지구온난화, 오존층 파괴, 불평등,

환경을 해치는 행위, 인구와 소비, 오염의 증가 등에 대해 의견을 나눴고, 이 모든 것에 아버지는 관심을 보였을 뿐만 아니라 많은 우려를 표했다. 그러나 생물다양성의 감소와 동식물 개체군의 멸종 등을 다루기 시작하자 아버지의 태도가 급변했다. "아들아, 네가 스라소니의 멸종을 걱정하고, 그걸 막기 위해 열심히 일한다는 사실을 잘 알고 있어. 나도 그런 건 원치 않아. 하지만 우리가 예전에 다뤘던 다른 문제들의 심각성과는 비교할 수 없어. 어떤 종이 사라진다는 건 정말 슬픈 일이지만, 극적일 정도는 아니야. 우리에게 큰 영향을 준다고는 생각되지 않으니까." 급기야 아버지는 책에서 그 부분을 뺄 것을 요구했다. 그러나 내가 (직접 알게 된 유일한 내용이라고 주장하며) 거부 의사를 밝히자, 아버지는 식사 시간에 동생들에게 불평을 늘어놓았다. "미겔은 동식물 이야기만 하고 싶어 하는구나. 나도 그런 이야기가 의미가 없다고까진 말하지 않았어. 그렇지만 우리가 다루려는 비극적 상황을 흐려놓을 것 같아. 사람들은 이 책에 흥미를 잃을 거야."

그 순간 아버지를 설득해야겠다고 결심했다. '생명에게 감사한다'는 글을, 말하자면 생명이 자연에 베푼 기여에 고마움을 표하는 글을 반드시 써야겠다고 다시 한번 다짐했다. 우리와 함께하면서 이 지구에서(칼 세이건이 상기시켰듯이 "우리가 아는 유일한 집"인 이 지구는 우주 공간에서 보면 조그맣고 창백

한 푸른 점에 불과하다) 우리가 존재할 수 있게 우호적인 환경을 조성해주는 다양한 생명에게 감사하는 글을 쓰고 싶었다. 나는 이런 이야기를 해야만 했다. 그리고 아버지를 비롯해 이 세계의 미래를 걱정하는 모든 사람은 이 이야기를 들을 자격이 있다. 그러나 이들 대부분이 생물다양성의 위기가 인류의 위기라는 사실을 전혀 인식하지 못하고 있었다. 시간만 계속 흘렀고 나는 그 일에 손을 댈 수 없었다. 결국 아버지가 돌아가시고 몇 년 후 코로나 팬데믹 때문에 어쩔 수 없이 집에만 머물러야 했을 때, 나는 비로소 아버지에게 진 빚이 떠올라 글을 쓰기 시작했다. 그렇게 작업에 착수해 몇 번이나 계절을 흘려보내고서야 마침내 이렇게 결실을 얻게 되었다.

내가 선택한 접근법이 가장 과학적인 방법은 아니라는 사실을 나 역시 잘 알고 있다. 우리 인간은 자연의 한 부분이고, 자연과 더불어 진화해왔다. 따라서 모든 자연은 우리에게 필수적일 수밖에 없다. 우리가 식물에게 받은 것이 무엇인지, 미생물이 우리에게 제공하는 것이 무엇인지 설명하기 위해 자연을 부분 부분 조각내는 것은 오히려 오해를 불러올 소지가 있다. 하지만 나는 어떤 면에서는 이런 접근이 교육적일 수도 있다는 생각이 들었다. 잠시 비올레타가 예찬했던 인간의 몸을 상상해보라. "샛별 같은 두 눈, 그 눈만 뜨면 나는 흑백을 완벽하게 구분할 수 있다"라는 가사처럼, 두 눈으로 우리가 모든 것을 볼 수 있다는 것은 지극히 자명한 사실이다. 그러나 만약 피, 근육, 간, 신경, 뇌 등이 없다면 눈이 무슨 소용이 있겠는가? 몸은 하나인 셈이고, 결국 모든 것은 서로 관계를 맺고 있다. 우리를 포함한 자연에서도 이와 비슷한 일이 일어나며 우리는 이를 잊지 않기 위해 노력해야 한다. 비록 이 책에서는 자연을 조각내어 다루더라도 말이다. 우리가 학교에서 순환계, 소화계, 신경계, 골격계 등에 대해 서로 아무 관련이 없다는 듯이 따로따로 배웠던 것과 마찬가지다.

앞에서 언급했던 것처럼 생명체들은 우리에게 많은 것을 제공한다. 그러나 너무나 자명한 사실을 이 책에서 특별히 다루지는 않을 것이다. 예를 들어 우리는 살아 있는 것을 먹는다. 우리 역시 동물이기 때문에 달리 방법이 없다. 그리고 우리가 먹는 음식물은 대부분 자연으로부터 온다. (간접적인 것까지 따지면 '전부' 자연으로부터 온다.) 우리가 먹는 생선의 절반은 바다나 강에서 잡은 것이다. (나머지는 우리가 양식한 것이다.) 다른 예로는, 가구를 만들고 건물을 지을 때 사용하는 목재와 책을 만들 때 사용하는 종이를 들 수 있다. 이중 일부만 우리가 가꾼 나무에서 얻는다. 사실 대구와 정어리가 우리에게 영양을 공급해주고 소나무나 호두나무가 옷장과 탁자를 만드는 데 쓰인다는 사실은 굳이 설명하지 않아도 된다. 이 책에서는 우리 인간에게 절대적으로 필요한 것을 제공하는데도 명확하게 드러나지 않거나 눈에 잘 띄지 않는 존재들에게 좀 더 방점을 찍을 것이다.

UN은 '새천년 개발 목표' 프로그램에서 자연의 역할을 평가하며 우리가 생태계 서비스라고 부르는 것을 아주 쉽고 간단하게 정의했다. 바로 "사람들이 생태계에서 얻을 수 있는 효용"을 의미한다. '서비스'라는 용어는 최근 독일 뤼네부르크의 로이파나 대학교에서 근무하는 베르타 마르틴-로페스 교수가 계속해서 우리에게 열정적으로 상기시켰듯이, 좀 더 포괄적인 용어, 즉 인간과 자연 세계 간의 유대감이 갖는 중요성을 강조하는 '자연이 인간에게 이바지한 것'으로 대체되었다. 사실 자연은 우리 인간에게 물질적인 도움뿐만 아니라 사회적, 문화적, 정신적 도움도 제공하기 때문이다. 아무튼 이 책의 각 장에서는 자연이 우리 인간에게 기여한 것 중 가장 보편적인 것(다시 말해 문화적, 정신적 경향을 떠나 모두에게 혹은 거의 모두에게 가치 있는 것)을 한 가지 이상 언급할 것이다.

그리고 그 일에서 주연을 맡은 생명체를 그 출발점으로 삼을 것이다. 별로 주목받지 못하고 있는 유기체부터 등장한다는 사실을 미리 알려주고 싶다. 예컨대 작물의 수분 문제를 다루기 위해 나비를 언급할 수도 있지만, 나는 그보다 딱정벌레를 먼저 언급할 것이다. 또한 곤충의 개체 수를 조절하는 데 제비나 종달새가 도움을 줄 수도 있지만, 나는 이 일의 주인공으로 박쥐를 먼저 언급하고 싶다. 첫눈에 보기엔 별 매력이 없고 호감이 가지 않는 생명체들도 우리에게 유용할 뿐더러 반드시 필요한 존재라는 사실을 보여주고 싶어서다. 다시 말해 독자들이 각 장의 제목에서부터 '이런 벌레들이 존재하지 않는다면 혹은 이런 식물들이 사라진다면 나는, 아니 우리 인간은 무엇을 잃게 될까?'라는 질문을 끊임없이 스스로에게 던져보게 하고 싶다.

그렇지만 너무 세세하게 다루진 않고, 몇몇 사례만 구체적으로 설명할 것이다. 게다가 반드시 그렇진 않더라도 가장 중요한 공로들은 대부분 생태계 전체가 힘을 모은 결과이기에, 주인공 한두 종에게만 중요한 역할을 부여하긴 어렵다는 점을 반드시 기억해야 한다. 그리고 이 모든 것이 수백만 년의 진화를 거쳐 물리적 환경과 기능적으로 완벽하게 통합되어 전체를 형성한다는 사실도 절대로 잊어서는 안 된다. 아무튼 이 이야기는 에필로그에서 다시 다룰 것이다.

에필로그에서도 다루겠지만, 몇 가지 주의할 점이 있다. 이 책 전반에 걸쳐 생명체들의 효용성은 종종 금전적 가치로 평가될 것이다. 예를 들어 자연에서 얻은 의약품이 수십억 유로의 가치를 지닌다거나, 농작물 재배 과정에서 야생의 수분 매개 곤충을 대체하려면 그 비용이 연간 수천억 유로에 달한다고 이야기함으로써 그 중요성을 확실히 밝히고자 했다. 이 또한 사실이지만, 이러한 접근이 한편으로는 편향된 시각을 강화할 수도 있다. 다른 사람에게 유용하든 말든 그것과는 별개로 각 개인의 생명은 가치가 있다. 절대로 대체될 수 없으며 돈으로 바꿀 수 없다. 자연도 마찬가지로 고유의 가치를 지닌다. 오로지 금전적인 측면으로만 평가한다는 것은 자연이 충분한 이익을 제공하지 못했을 땐 소홀히 다뤄도 된다는 말과 같다. 이는 반대로 입증 책임을 떠넘기는 셈이다. 자연이 수익성이 있다는 사실을 굳이 증명할 필요는 없으며, 오히려 처음부터 자연은 보전할 가치가 있을 뿐만 아니라 자연 전체가 온전히 우리에게 필요하다는 사실을 그 자체로 받아들여야 한다. 그러나 분명히 방향을 잘못 잡았다고밖에 할 수 없는 구태의연한 경제적 기준으로 운영되는 세상에서는, 자연 자본의 금전적인 중요성을 보여주는 것도 최소한 일시적으로는 긍정적으로 평가할 수 있다.

여기서 그만 서문을 마칠 생각이다. 정당한 이유가 있다고는 하지만, 요즘 환경을 주제로 한 글들이 대부분 재앙을 암시하거나, 직접 거기까지 가진 않더라도 상당히 비관적인 시각을 보이는 경향이 있다. 그렇지만 내 의도는 정반대다. 나는 이 책이 비올레타의 노래처럼 생명에 대한 찬미로 이해되길 바란다. 다만 이 책은 자연, 다시 말해 인간이 아닌 광대무변한 생명에 대한 찬미다. 물론 이 책에서 걱정과 고통을 완전히 배제할 수는 없다. 생명은 언제나 죽음과 함께하기 때문이다. 유기체의 풍성함과 다양성은 빠른 속도로 감소하고 있으며, 이들 유기체가 우리에게 제공하는 것이 모두 사라지거나, 최소한 극심하게 줄어들 위험에 처해 있다. 대체로 이로 인한 손실의 결과는 독자들이 추론해야겠지만, 불가피하게 본문에서 시사하는 경우도 있을 것이다. 비올레타가 실존을 예찬한 〈생명에 감사하며〉라는 노래를 작곡하고 1년 후 스스로 목숨을 끊었다는 사실을 기억하자. 그녀는 생명으로부터 받은 무언가가 잘못되었다고 느꼈고, 계속 삶을 영위할 가치가 없다는 판단을 내렸다. 우리 인류는 자연을 파괴함으로써 자살에 이르는 길로 접어들었다. 물론 아직은 이런 사실을 인정하기가 쉽지 않을 뿐만 아니라 엄청난 고통으로 다가오기도 한다.

우리 병을
치료해주는

잡초
덕분에

대부분의 사람들은 자신이나 가까운 사람이 직접 신트롬을 처방받기 전까진 이 약이 사회에서 얼마나 널리 사용되는지 알지 못한다. 신트롬은 항응고제이자 비타민 K(학교에서는 혈액응고제로 지혈 작용을 한다고 배웠다)의 길항제로 심혈관 질환이 있는 환자가 혈전, 색전증 및 합병증을 예방하기 위해 사용한다. 이런 증상이 있는 사람들에겐 비타민 K가 지나치게 많으면 좋지 않지만, 반대로 지나치게 적을 때도 심각한 출혈 문제가 생길 수 있다. 따라서 정밀한 균형이 절대적으로 필요하므로 신트롬의 일일 복용량은 아주 신중하게 조절해야 한다.

　이 약품을 복용하는 사람들은 정기적으로 특정 날짜와

시간에 병원을 방문하여 기다리는 동안 미리 약속한 병실에 모여 이야기를 나누곤 한다. "매주 병원에 오는 건 정말 짜증나요." "내 말 좀 들어봐주세요. 내 수치는 6 정도인데 잘 내려가지 않아요." "나는 수치가 너무 낮아서 헤파린을 맞고 있어요." "여름에는 신트롬 조절이 어려워요." "아마 맥주 탓일 거예요." "맥주는 몸에 좋지 않아요. 차라리 와인이 낫죠." 의사가 나타나 모든 건 적당히 해야 하고, 좋은 식습관을 유지하는 것이 가장 중요하며, 평소 식단에 비타민 K가 너무 많이 들어 있으면 신트롬을 더 먹어야 하고, 적게 들어 있으면 줄여도 된다고 이야기할 때까지 이런 식의 대화는 계속 이어진다. "여기서 복용량을 조절한 다음 식단을 바꿔 효과를 더 강화하려고 하면 오히려 문제가 될 수 있어요. 역효과가 날 수 있으니까요."

이렇듯 비타민 K의 길항제 겸 항응고제를 복용하는 사람들은 자신들만의 고유한 문화가 있는 집단을 이룬다. 그러나 이들 대부분은 이 화합물(신트롬이나 아세노쿠마롤, 앵글로색슨 국가에서 더 대중적으로 사용되는 와파린)이 어디에서 왔는지는 모른다. 다른 과학적인 발견과 마찬가지로 이런 의약품을 발견한 이야기에는 상당히 많은 우연이, 다시 말해 뜻밖의 행운('요행' 혹은 '횡재'의 의미)과 결단이 담겨 있다.

이 모든 이야기는 소들이 먹는 목초에서, 다시 말해 노랑개자리(약용개자리), 황색개자리, 향개자리, 왕관풀 등의 이름으로 알려진 식물에서 비롯된다. 『약용 식물: 디오스코리데스* 개정판』이라는 탁월한 고전을 쓴 유명한 저자 돈 피오 폰트 케르는 이 식물에 대해 "토양의 비옥도에 따라 두 뼘에서 여섯 뼘 정도 자란다"라고 썼다. 또 이 식물은 "노란색 나비 모양의 작은(4~7밀리미터) 꽃이 피고, 3밀리미터 정도의 조그만 달걀 모양 콩과 비슷한 열매를 맺는다." 그리고 스페인 정도의 위도에서 5월에 꽃이 피기 시작하여 여름 내내 지지 않고 계속 피어 있다. 말리면 바닐라와 같은 기분 좋은 향이 나는 이 식물은 도랑과 같은 배수구, 휴경지, 버려진 들판같이 상당히 척박한 땅에서 자란다. 스페인의 미개간지를 꾸미고 있는 수많은 여타 들풀과 마찬가지로 이것 역시 잡초라고 할 수 있다.

유럽과 중앙아시아가 원산지인 이 노랑개자리는 17세기

---

* 서기 40년경에 현재 튀르키예 남부 지역에서 태어난 그리스계 학자로, 서양 약학의 근본이 되는 저서 『약물에 대하여』를 남겼다.

에야 북미에 유입되었다. (따라서 현재까지 침입종으로 간주된다.) 20세기 초, 미국의 다코타, 캐나다의 앨버타와 같이 생산성이 떨어지는 지역에 정착한 이민 목장주들은 익숙한 목초 재배가 어렵다는 사실을 알게 되자, 어디에나 있는 약용 노랑개자리를 사료용 식물로 재배하기로 했다. 처음에는 모든 일이 긍정적인 방향으로 진행되었지만, 얼마 되지 않아 소들에게 전혀 예기치 않던 문제가 종종 생기기 시작했다. 작은 상처에도 출혈이 멈추지 않았고, 급기야는 내출혈로 죽기까지 한 것이다. 1920년대에는 '향개자리병'이라는 단어가 사람들 입에 오르내리기 시작했는데, 습기를 머금은 사료를 섭취하는 것과 연관이 있었다.

온타리오(캐나다)에서 일하던 프랭크 스코필드*라는 영국 출신의 수의사는 노랑개자리로 만든 건초의 상태가 좋지 않을 때, 다시 말해 곰팡이가 피었을 때만 문제가 생긴다는 사실을 발견했다. 그는 이를 증명하기 위해 토끼에게 잘 건조된 노랑개자리와 곰팡이가 핀 노랑개자리를 먹여보았다.

---

* 영국 태생의 캐나다 장로교 선교사로, 수의학자이자 세균학자다. 일제강점기 조선과 독립 후의 대한민국에서 활동했다. 제암리 학살 사건의 참상을 보도한 그의 활동을 기념하는 뜻에서 '3·1 운동의 제34인'이라고 부르기도 한다.

우리 병을 치료해주는

그러자 곰팡이가 핀 노랑개자리를 먹은 토끼들이 죽는 것을 확인할 수 있었다. (그런데 대학 당국은 그가 연구를 계속하는 것을 막았다. 이에 환멸을 느낀 그는 한국에 가서 세균학을 가르쳤고 한국의 독립 투쟁에 적극적으로 협력하며 여생을 보냈다.) 거의 같은 시기에 다코타 출신의 또 다른 수의사인 리 로더릭은 곰팡이가 핀 노랑개자리를 먹고 병에 걸린 소들은 건강한 소의 피를 수혈받으면 낫는다는 사실을 증명했다.

그리고 전설 같은 이야기와 우연이 역사에 끼어들었다. 대공황이 절정에 달했던 1932년 겨울, 누구에게도 삶이 쉽지 않던 시절이었다. 위스콘신주 북부의 조그만 마을 디어파크에서 농장을 경영하던 에드 칼슨은 12월에 송아지 두 마리가 죽는 일을 겪어야 했는데, 이어 1월과 2월에도 다시 세 마리가 죽는 것을 넋 놓고 지켜봐야 했다. 게다가 그 지역 경연 대회에서 우승을 차지했던 황소가 코피를 흘리는 것을 목격하고 최악의 상황이 닥칠까 봐 덜컥 두려워졌다. 그가 상담한 수의사는 소들이 향개자리병에 걸렸다며 가축의 사료를 바꾸라고 했다. 에드는 그의 말을 믿지 않았다. 몇 년째 아무런 문제 없이 똑같은 건초를 사용했던 것이다. 게다가 다른 건초도 없었다. 그는 달리 방법이 없다는 사실을 받아들이기가 너무 힘들었다. 그러자 수의사는 주도인 매디슨의 농업 시험장에 가서 다른 해결책이 있는지 알아보라고 권했다.

전해지는 이야기에 따르면 1933년 2월 토요일 이른 아침, 이 지역의 다른 카우보이처럼 전설적인 힘과 인내심을 가졌던 에드 칼슨은 죽은 송아지를 등에 멘 채 응고하지 않은 소의 피가 든 우유 통과 건초 자루를 짊어지고 강풍과 눈보라 속에 300킬로미터나 되는 길을 떠날 준비를 했다. 그는 낡은 소형 트럭을 이용했기에 오후가 돼서야 겨우 농업 시험장에 도착할 수 있었다. 그러나 안타깝게도 시험장은 문을 닫은 후였다. 별수 없이 에드는 문이 열린 가까운 건물에 들어갔다. 우연히도 그곳은 칼 P. 링크의 연구실이었고 그곳에서 그와 조수인 유진 빌헬름 쇼펠을 만날 수 있었다. 노랑개자리 냄새가 나는 화학물질인 쿠마린을 연구하고 있던 농화학자 링크는 실의에 빠진 에드에게 소들이 향개자리병에 걸렸다며 사료를 바꾸거나 수혈을 해야 한다고 못 박았다.

그러나 에드의 연구소 방문은 링크에게 깊은 인상을 남겼다. 링크는 훗날 이렇게 썼다. "오후 4시, 완전히 풀이 죽어 집으로 돌아가는 그를 볼 수 있었다. 우리 연구소에서 농장까지 300킬로미터나 되는 구불구불한 길은 그에겐 변덕스럽고 암울한 바다처럼 느껴졌을 것이다." 그의 조수였던 쇼펠은 더욱 마음이 아팠다. 절실하게 대답이 필요했던 사람에게 아무런 답도 해줄 수 없다는 사실에 너무 괴로웠다. 그런데 전혀 예기치 못했던 농부의 방문이 계시처럼 다가와 그는 연구소장에게 연구의 방향을 바꾸자고 촉구했다. "소장님께 드릴 말씀이 있어요. 우리가 나아가야 할 길을 구체화해준 운명적인 일이 생긴 것 같아요."

링크는 쿠마린 함량이 높은 노랑개자리는 쓴맛이 강해 가축들이 좋아하지 않는다는 사실을 잘 알고 있었다. 그래서 부담이 적은 변종을 고르기 위해 노력했다. 에드 칼슨을 만난 다음부터 그는 곰팡이가 핀 건초에 숨어 병을 유발하는 항응고제 화합물의 분리에 온 힘을 다했다. 그러나 이 작업은 쉽지 않았다. 사실 당시에는 혈액 응고를 정확하게 측정하는 방법조차 모르고 있었다. 5년 동안 그의 팀은 베스라는 이름의 토끼 한 마리에게 곰팡이가 핀 풀을 주면서 200회가 넘는 실험을 진행했다. (오늘날 동물 복지 위원회에선 이에 대해 어떤 의견을 낼지 잘 모르겠다.)

그들은 자신들이 옳은 길을 간다고 믿었기에 건초에서 무수히 많은 화합물을 추출했다. 그러나 베스의 피가 맑아지지 않자 곧 실망하기 시작했다. 어쨌든 연구자들이 놀랄 만한 일은 전혀 일어나지 않았다. 농장주 에드가 연구소를 방문한 지 6년이 조금 더 지난 1939년 6월 28일, 팀원이었던 해럴드 캠벨이 결정화된 디쿠마롤을 분리해내는 데 성공했는데, 이는 다양한 균류가 노랑개자리의 쿠마린을 산화시킬 때 만들어내는 항응고제 화합물이다. 그럼 이것으로 이야기가 종점에 도착했을까?

　1940년 말에는 디쿠마롤의 화학 구조가 밝혀져 대규모 합성이 시작되었다. 개를 대상으로 실험이 진행되었고, 의사들은 과감히 이를 사용하기에 이르렀다. 의학 잡지 『랜싯 Lancet』은 1941년 헤파린의 대안으로 디쿠마롤을 높이 평가하는 논문을 게재했다. 그러나 이 약이 실제로는 흡수가 고르지 못해 비타민 K가 필요할 때 해독 작용을 하지 못한다는 말이 (아무런 근거도 없이) 흘러나왔다. 이런 의구심이 적지 않았기에, 의료 전문가들 사이에서 이 약이 널리 처방되진 않았다. 그사이 칼 링크 팀은 화학적 사슬을 조금씩 변형하여 150여 종의 디쿠마롤 유도체를 만들었다. 그러나 전쟁으로 인해 연구소가 문을 닫으면서 이를 시험해볼 시간이 없었다. 1945년 링크는 병에 걸려 병원에 입원해야 했고, 아무것도 못 하고 그곳에서 몇 달을 보냈다. 그러던 중 설치류 통제에 관한 책을 손에 넣게 되었고, 그는 바로 쥐를 죽이는 데 디쿠마롤을 사용할 수 있겠다고 생각했다.

　링크는 전쟁이 끝나고 직장으로 돌아가자마자 동물 실험에 착수했다. 쥐들은 약물 처치에 예상보다 훨씬 더 강한 저항성을 보였다. 쥐가 먹는 식단에는 전반적으로 비타민 K가 풍부했기 때문이다. 그러나 디쿠마롤 유도체 중 하나인 42번은 치명적인 것으로 밝혀졌다. 모두가 깜짝 놀란 가운데, 링크는 와파린warfarin('warf'는 연구 시작 때부터 자금을 지원한 위스콘신 동문 연구 재단의 이니셜이고, 'arin'은 쿠마린을 의미한다)이라는 이름의 살충제로 특허를 냈다. 제약 회사가 이를 도입해, 1948년부터 이 제품은 미국에서 가장 많이 팔리는 쥐약이 되었고, 오늘날 전 세계에서 가장 많이 사용되는 대부분의 항응고 독약에 기본 물질로 쓰이고 있다.

이즈음 다시 엄청난 우연이 일어났다. 1951년 우울증에 걸린 군인이 쥐약을 먹고 자살을 시도했다. 숨이 넘어가기 직전에 그는 병원으로 이송되었고 수혈과 비타민 K 투여를 통해 빠르게 증상이 호전되었다. 그때부터 치료 목적으로 와파린 사용을 실험하기 시작했다. 와파린의 특성(경구용으로 만들 수 있고 물에 잘 녹는다는 점, 게다가 매우 효과적이라는 점)이 당시 항응고제로 사용되던 헤파린과 디쿠마롤의 특성을 강화한다는 사실을 알게 되었다. 1954년 사람에게 이 약을 사용하는 것이 승인되었고, 1955년에는 심근경색을 앓던 미국 대통령 드와이트 아이젠하워에게 투여하기에 이르렀다. 훗날 누군가는 이런 글을 썼다. "전쟁 영웅이자 미국 대통령에게 좋은 것이라면, 그것이 아무리 쥐약이라도 다른 모든 사람에게도 좋을 수밖에 없다." 와파린(스페인에서는 이것의 변형인 아세노쿠마롤 혹은 신트롬이 주로 사용된다)은 얼마 되지 않아 엄청난 인기를 얻었고 오늘날 전 세계에서 수백만 명이 이 약을 사용하고 있다.

쿠마린계 항응고제의 발견 이야기는 인간의 지적 모험이라는 점에서 대단히 흥미롭다. 성공과 실패를 결정할 수 있는 이야기 속 수많은 요소가 상호작용하며 영향을 미쳤다. 어쩌면 널리 사용되는 약품을 야생종에서 얻는다는 사실이 좀 어색해 보일 수도 있다. 그러나 이런 경우는 수천 건도 넘는다. 이번 경우 제품의 생산자는 잡초와 균류였다. 그런데도 아마 잡초와 균류의 보전에 투자하자고 했다면 아무도 돈 한 푼 쓰려고 하지 않았을 것이다. 소들은 쿠마린이 많아 쓴맛이 강한 노랑개자리를 별로 좋아하지 않았다는 중요한 점을 간과했을 것이 너무나도 뻔하다.

물론 쓴맛이 나는 식물은 엄청나게 많을 뿐만 아니라, 식물들이 적으로부터 자신을 보호하기 위해 화학물질을 사용하는 경우도 적지 않다. 식물들은 도망칠 수 없다. 그래서 외부 돌기나 가시, 혹은 단단하고 두툼한 껍질을 가진 식물도 있지만, 여타의 수많은 식물은 수백만 년의 진화를 통해 화학적인 방어 수단을 개발해왔다. 거짓말처럼 들릴지 모르지만, 일반적으로 이러한 방어벽은 소나 말보다 훨씬 더 무서운 초식동물인 무척추동물이나 미생물을 목표로 한 것이다. (열대 초원에는 대형 초식동물을 다 합친 것보다 흰개미의 총량이 훨씬 더 많다.) 그리고 사실 우리가 좋아하는 맛이나 향, 혹은 우리 속을 뒤집어놓는 맛이나 냄새 모두 이런 방어벽에서 온 것이다. 11세기 이후 유럽인들을 탐험으로 내몰았던 유명한 향신료들도 예를 들어 애벌레들이 먹기 어렵거나 병을 옮기는 박테리아를 죽이기 위한 강력한 화학무기를 갖춘 식물에 불과했다. 우리 부엌에서 향신료로 사용되는 후추, 계피, 정향, 육두구 열매 등은 자기를 방어하기 위한 화학물질이 있기에 그런 맛과 향을 내는 것이다. 동물 종으로서 우리 인간은 이와 같은 식물과 균류에서 얻을 수 있는 보호 물질이 인간도 보호할 수 있다는 사실을 일찍부터 깨달았을 것이다.

전 세계 모든 문화권에서 질병을 완화하기 위해 식물이나 여타 천연물을 활용해왔다. 이탈리아 볼차노의 아이스맨 외치를 기억하는지 모르겠다. 이 사람은 1991년 독일 산악인들이 알프스에서 발견한 미라로, 완벽히 보존된 상태였다. 이들은 이 미라를 발견했을 때 죽은 지 얼마 되지 않은 산악인의 시신이라고 생각했는데, 사실은 5,300년 전에 죽은 동석기시대* 사람이었다. 40~50세 남성인 외치는 신체에 관한 연구뿐만 아니라 의복과 도구까지 아주 세부적인 연구를 가능케 해주었다. 우선 외치가 살균 및 구충 효과가 강한, 자작나무 줄기에서 자라는 봇나무 송편버섯을 망태기에 넣어 다녔던 것을 확인할 수 있었다. 망태기에는 그 밖에도 다양한 식물이 조금씩 들어 있었는데, 아마 약용이었을 것이다.

그뿐만이 아니다. 외치가 죽기 직전에 오늘날에도 몇몇 문화권에서 소화불량을 치료할 목적으로 사용하는 이끼류의 싹과 독성 양치식물의 잎을 먹었다는 사실도 알 수 있었다. (외치는 위궤양을 유발하는 헬리코박터 파일로리균을 보유하고 있었다.) 온몸에 문신이 가득했던 것으로 미루어 외치가 당대의 마법사였을 것이라고 추측하는 사람도 있다. (이 장을 출판사에 넘길 즈음 아주 흥미로운 사실을 알게 되었다. 인도네시아에 사는 라쿠스라는 이름의 오랑우탄이 약용 칡을 고약 비슷하게 만들어 얼굴에 난 아주 끔찍한 상처를 스스로 치료했다는 것이다.)

쿠마린 유도체의 발견으로 이어진 일련의 사건에서 행

---

*   신석기시대에서 청동기시대로 이행하는 시기를 의미한다. 금속을 다루기 시작했으나 청동과 같은 합금을 다루지는 못했던 시기를 특정하는 개념이다.

운도 조금 따랐다는 사실을 인정해야 한다. (가축의 질병이 쥐약 제조의 단초를 제공했고, 이는 사람에게 적용되어, 수백만 유로가 오가는 의약품 개발로 연결되었다.) 특정 식물이나 동물의 약효(혹은 약효의 일부)는 아주 오랜 과거부터 널리 알려졌기 때문에, 유기화학이 발전한 다음부터는 그 성분을 조사하여 활성 성분을 찾기만 하면 되었다. 아스피린이 아마 좋은 사례가 될 것이다.

4,000년 전 수메르인과 중국인이 버드나무 껍질과 잎을 진통제와 항염증제로 사용했다는 증거가 있다. 수메르인이 돌에 새긴 문서의 영향을 받은 것으로 보이는 3,500년 전 이집트의 파피루스에는 버드나무와 도금양의 약용 성분에 대한 언급이 있다. 기원전 5세기 고대 그리스 의학의 아버지인 코스섬 출신의 히포크라테스는 열병과 출산의 고통에 버드나무 껍질을 넣은 조제약을 권했다. 켈수스나 디오스코리데스 같은 몇몇 로마 의사들 역시 버드나무의 특성을 인용했으며, 훗날 아랍의 의학 서적에도 버드나무가 등장한다. 사반 루이스 박사에 따르면 중세 치료사들은 버드나무 껍질을 달인 기적의 물을 이용하여 사람들의 통증을 다스렸다고 한다. 그러나 바구니를 만드는 데 버드나무 껍질이 필요했던 데다가 급기야는 버드나무 껍질을 벗기는 것이 금지되면서 이런 관행은 곧 잊히고 말았다.

18세기 후반 영국의 성직자인 에드워드 스톤은 페루에서 말라리아 치료제로 사용되는 키나보다 훨씬 더 쓴맛이 난다는 데서 영감을 받아 '말린 버드나무 잎, 차, 맥주를 조금 넣어' 우려낸 용액의 해열 효과를 실험하기 시작했고, 자신이 발견한 것을 왕립학회에 발표했다. 1828년 뮌헨의 약사인 요한 부흐너는 버드나무 껍질에서 살리신(살리신산)이라는 이름의 노란색 물질을 얻었고, 프랑스의 화학자인 앙리 르루는 이를 결정으로 만드는 데 성공했다. 그 무렵엔 벌써 병원균에 대한 화학적 방어 수단으로 사용되는 살리신산이 다양한 식물에 존재한다는 사실이 널리 알려져 있었다. 과학자들은 버드나무뿐만 아니라 메도우스위트*(Spiraea ulmaria. 오늘날에는 Filipendula ulmaria라는 학명을 사용한다)라는 풀에서도 이를 추출한다. 살리신산은 통증, 부기, 열 등을 완화하는 효능이 있는데, 맛이 끔찍했을 뿐만 아니라 위장 장애를 일으켰다. 이러한 한계를 극복하기 위해 1853년 프랑스의 또

---

*　　유라시아 지역이 원산지인 장미과의 다년생 초본이다. 높이는 1미터에서 최대 2미터까지 자라는 식물로 줄기는 붉고 직립성이며, 잎은 다른 장미과 식물들처럼 겹잎 형태다. 여름부터 가을까지 솜털을 닮은 꽃들이 피는데, 달콤한 향기를 풍겨서 메도우스위트(meadow는 '초원', sweet는 '달콤하다'는 뜻)라는 이름을 갖게 되었다.

다른 화학자 샤를 프레데리크 게르하르트는 아세틸살리신산(아스피린)을 얻는 데 성공했지만 아쉽게도 연구를 계속하진 않았다.

1897년 아버지의 관절통 치료제가 간절했던 펠릭스 호프만은 바이에르사의 연구소에서 '화학적으로 순수하고 따라서 안정적인' 아세틸살리신산을 합성하는 데 성공했다. (아마 그의 직장 상사였던 아르투어 아이헨그륀의 지시를 따랐을 것이다. 결국 이후에 이 물질의 발견을 둘러싸고 다툼이 일어났다.) 1899년 3월 6일 바이에르사는 베를린의 제국 특허청에 이 제품을 아스피린aspirin(아세틸acetyl의 'a'와 메도우스위트Spiraea의 'spir'를 합친 것)이라는 이름으로 등록했다. 이는 근대적 의미의 제약 산업의 탄생으로 볼 수 있다. 지난 20세기에 아스피린은 전 세계에서 그 어떤 의약품보다 많이 사용되었는데, 특히 순환기 질환을 예방하는 데 효과가 있다는 사실이 발견된 후에는 사용이 폭발적으로 늘었다. (전 지구에서 1초당 2,500개의 아스피린이 사용되는 것으로 추정된다.)

수년 전부터 제약 회사들은 전 세계의 전통적인 처방전을 뒤져 오래된 질병이나 새로 나타난 질병을 치료할 새로운

제품을 찾아 나서고 있다. 전문가들은 관심 지역으로 직접 가서, 치료사들이나 전통 의학 전문가들과 만나 그들이 사용하는 식물에 대한 지식을 배우고 현대적인 기술을 이용해 활성 성분을 찾아낸다. (이와 관련해 숀 코네리가 주연으로 나온 〈에덴의 마지막 날들〉이라는 영화가 기억나는 사람도 있을 것이다. 이 영화의 영어 제목이 〈Medicine Man〉이다.) 그렇다 보니 특정 물질을 발견한 이후엔, 특히 상업화 이후 이익을 나눌 때가 되면 소유권과 관련하여 윤리적 문제가 제기되기도 한다. 대형 다국적기업들은 점차 이러한 부채('생물다양성 협약'의 고려 사항)를 인식하기에 이르렀고, 이에 지역 주민들과 다양한 협정을 맺고 있다.

아마 최초이자 가장 널리 알려진 사례는 거대 제약 회사인 머크와 인비오INBio(코스타리카 생물다양성연구소) 사이에 맺은 협정일 것이다. 이 협정을 통해 머크사는 인비오의 탐사 활동을 후원하는 대신 유전자원에 대한 접근권을 얻었다. 그러나 꼭 전통적인 지식에만 매달릴 필요는 없고, 발전적인 방식을 적용할 수 있다면 충분할 것이다. 어떤 동물이나 식물이 우리에게 필요한 제품을 생산하는 데 도움이 될까? 예를 들어 통증 완화나 국소마취 유도를 고려한다면 자기 사냥물에 독을 주입하는 포식 동물을 연구해볼 수 있을 것이다. 독성 화합물은 일반적으로 신경계통에 영향을 미치기 때문이다. 그리고 포식자는 사냥감이 지나치게 버둥대거나 저항하는 것도, 그렇다고 멀리 도망쳐서 놓치게 되는 것도 원치 않는다.

거미나 전갈을 비롯한 독을 가진 동물들의 독을 이용해 만든 제품은 파킨슨병, 조현병, 우울증, 뇌전증, 일부 암 등에 맞서 싸우는 데 도움을 준다. 말벌과 거미는 문자 그대로 사냥하려는 곤충을 마비시켜 오랫동안 살아는 있지만 꼼짝도 하지 못하게 한다. 따라서 이들의 독은 마취제나 진정제로 연구되고 있다. 방울뱀과 같은 과에 속하는 남미산 뱀인 자라라카는 앤지오텐신 전환 효소를 억제하여 사람을 비롯해 물린 동물들의 혈압을 급격하게 떨어뜨린다. 이런 작용을 담당하는 활성 분자의 발견은 라미프릴을 비롯해 광범위하게 사용되고 있는 고혈압 치료제의 생산에 새로운 길을 열었다.

코누스속으로 분류되는 무서운 포식 달팽이들은 사람도 죽일 수 있는 침을 쏘는데, 아직 많은 비밀을 품고 있다. 이런 해양 복족류는 이름에서 알 수 있듯이 원뿔 모양을 하고 있다.* 열대 해양, 맹그로브 숲, 산호초가 있는 곳에 주로 서식하며, 껍질이 아름다워 종종 서퍼 스타일의 목걸이나 팔찌 같은 장식품에 사용된다. 이들은 일반적으로 원뿔달팽이라는 이름으로 불린다.

발도메로 올리베라와 미국과 필리핀 출신의 동료들은

1990년 『사이언스』에 이를 주제로 광범위한 논문을 발표했다. 오늘날 700여 종의 코누스가 알려져 있으며 매년 새로운 종이 기록되고 있다. 1센티미터가 안 되는 것도 있고, 손바닥보다 큰 것도 있다. 이들은 모두 유충, 물고기, 연체동물 등을 잡아먹는데, 코노톡신(이런 명칭으로 부르고 있다) 혼합물을 이용해 먹잇감을 꼼짝 못 하게 한다. 이때 라둘라(보통 달팽이들이 음식을 긁어 먹을 때 사용하는 키틴질 이빨이 있는 기관)가 작살 모양으로 바뀌어, 독이 든 근육성 주머니에 연결된 피하주사 바늘 역할을 한다. 달팽이들은 자신의 작살을 완전한 상태로 유지하려면 먹잇감을 단번에 마비시켜야 하기에 독은 매우 강력해야 한다. 이 그룹에 속한 종들은 각자 100~200개의 다양한 독성 펩타이드(아미노산 화합물)를 만들어 사용한다고 추정되는데, 이는 7만~14만 개의 다양한 코노톡신이 존재한다는 것을 의미한다. 이 수치는 여타 독을 가진 동물들 사이에서 발견되는 모든 알칼로이드를 합친 것보다 많다. 게다가 이 펩타이드들은 각각 상이한 신경 수용체에 접근하는데,

---

*   코누스속Conus이라는 학명은 '원뿔'이라는 의미의 그리스어에서 유래한 라틴어로부터 온 것이다. 껍데기가 원뿔 형태로 생겨서 이런 이름을 얻었다.

여기에는 나트륨, 칼륨, 칼슘 등의 흐름과 아세틸콜린이나 세로토닌 같은 신경전달물질의 흐름을 조절하는 이온 채널도 포함된다.

에릭 치비안*은 지금까지 1퍼센트도 안 되는 코노톡신의 특성만 분석되었으며, 700여 종의 현존하는 원뿔달팽이 종 중에서 단 6종만 연구되었다고 이야기했다. 그런데도 가능성이 담보된 수많은 약물을 찾아낼 수 있었다. 상업적인 개발에서 가장 앞서 나가는 분야는 통증 완화를 위한 진통제 분야다. 올리베라 그룹은 코누스 마구스Conus Magus 종에서 통증 신호를 뇌에 전달하는 뉴런의 칼슘 채널만 선택적으로 차단하는 펩타이드를 분리해냈다. 그리고 훗날 이를 지코노타이드라는 이름으로 합성하는 데 성공했다. 아편 계통의 진통제에 반응하지 않는 암 환자와 에이즈 환자를 대상으로 임상 시험한 결과, 절반 이상의 환자가 통증이 완화되었고 소수의 환자는 통증이 완전히 사라졌다. 칼보 모스케라 박사는 이 약이 "강력하고 효과적일 뿐만 아니라(모르핀보다 천 배는 더 강력하다) 내성이나 중독성도 없다"라고 평가했다.

미국 식품의약국FDA은 2004년 지코노타이드의 사용을

---

*   하버드 의과대학 '건강과 지구 환경 센터'의 설립자로 정신의학 교수다.

허가했으며 이 약품은 프리알트라는 이름으로 판매되고 있다. 현재 다른 원뿔달팽이에서 추출한 7종의 만성 통증 치료제가 임상 시험 중인데, 프리알트와 비슷하거나 그 이상의 효과를 보여주는 것도 있다. 그뿐만이 아니다. 알츠하이머병이나 파킨슨병과 관련된 뉴런 세포가 죽는 것을 줄여주거나, 뇌전증과 같은 질병을 통제할 수 있는 코노펩타이드도 있다. 인간의 풍요로운 삶과 자연의 상관관계를 밝힌 탁월한 저서 (『생명 보호: 우리 인간의 건강은 생물다양성에 얼마나 의존하는가』)를 아론 번스타인과 공동 집필한 에릭 치비안은 "지구상의 모든 동물군을 통틀어 원뿔달팽이는 자연 전체에서 가장 큰, 그리고 임상에서 가장 중요한 약물 저장소로 볼 수 있다"라고 이야기했다.

자연에서 약을 찾는 또 다른 방법에 대해 말할 기회를 나에게 준다면, 그것은 사전에 계획하거나 가능성을 재지 않고 마구잡이식으로 찾는 것이라고 이야기하겠다. 미국의 국립 암연구소는 식물이 가진 치유력에 대한 믿음이 확고했기에 1960년대에 치료 목적으로 활용할 수 있는 물질을 찾기 위해 3만 5천 개 이상의 식물 표본을 무작위로 뽑았다. 가장 큰 발견은 단연코 1969년 태평양 주목나무 껍질에서 추출한 탁솔이었다. (훗날 주목나무에 서식하는 몇몇 균류도 이를 모방하여 똑같은 물질을 생산한다는 사실이 알려졌다.) 탁솔의 유효 성분인 파클리탁셀은 초기 임상 시험부터 특히 난소암과 유방암 치료에서 주목할 만한 항암 효과를 보여주었다. 그 이후 전립선암, 악성흑색종, 림프종 등과 같은 여타 종양에 대해서도 효과가 입증되었다.

이 물질은 세포분열을 방해하여 종양의 확산을 억제한다. 최근에는 내피세포의 증식도 어렵게 하는 것으로 밝혀지면서, 관상동맥에 삽입한 스텐트를 코팅하여 내피 조직이 스텐트를 내치는 것을 방지하기 위해 사용되고 있다. 1994년 미국 식품의약국에서는 유방암 치료 목적으로 파클리탁셀을 사용하는 것을 허가했고, 10년이 지난 후 2004년 마이카 산체스는 『주간 엘 파이스』에 "암 치료에 혁명이 일어났다"라고 썼다.

몇 년 전에는 상용화된 약의 4분의 1 정도는 식물로부터, 또 다른 4분의 1은 동물과 미생물로부터 유래한다는 사실이 알려졌다. 육지와 바다에서 가장 생물다양성이 뛰어난 생태계인 열대 밀림과 산호초 지대는 가장 좋은 약품 창고를 갖춘 '자연 약국'으로 간주되긴 하지만, 동시에 가장 빠른 속도로 사라지는 곳이기도 하다. 논리적으로 생각했을 때, 세상에는 다양한 고균*, 박테리아, 곰팡이가 존재하고, 이들 중 많은 수가 아직 세상에 알려지지 않았기 때문에, 미생물에서 유래한 화합물의 수는 꾸준히 증가할 것으로 예상된다.

1928년 스코틀랜드의 의사 알렉산더 플레밍이 포도상구균을 배양하던 페트리 접시**에 페니실린 노타툼 종의 곰팡이가 감염되었다. 곰팡이가 자라면서 주변의 박테리아가 사라졌는데, 이 때문에 플레밍은 이 곰팡이가 박테리아를 죽인다고 생각하기에 이르렀다. 얼마 지나지 않아 그는 페니실린을 분리하는 데 성공했고, 10년 후 전신용 약이 개발되면서 항생제 시대가 열렸다. 항생 물질인 스트렙토마이신과 테트라사이클린은 스트렙토미세스속의 토양 박테리아에서 추출한 것이다. (결과적으로 지금까지 알려진 항생제의 80퍼센트를 스트렙토미세스속의 박테리아가 만든다.)

혈관 내 콜레스테롤 수치를 낮추기 위해 사용되는 스타

---

*　　단세포생물 분류군의 하나이며, 세포핵이 없는 원핵생물이다. 세균과 다른 계를 이루고 있다는 사실이 최근에 밝혀졌다. 세균, 진핵생물과 함께 3개의 생물 역 중 하나인데, 어떤 점은 세균과 비슷하고, 어떤 점은 진핵생물과 비슷하다.

**　　독일의 세균학자 율리우스 리하르트 페트리가 고안한 실험 기구로, 뚜껑이 달린 넓적한 형태의 유리그릇이다. 고안한 사람의 이름을 따 페트리 접시 또는 페트리 샬레Petrischale로 불린다.

틴은 현재 가장 많이 처방되는 약품 중 하나인데, 이 역시 균류에서 추출된다. 이식 수술에서 사용되는 면역억제제인 라파마이신은 이스터섬(분자의 이름은 '라파 누이'라고도 불리는 이 섬의 이름에서 따왔다)의 또 다른 토양 박테리아에서 얻은 것이다. 이 밖에도 수없이 많은 사례를 들 수 있다. 일부 생화학자들은 컴퓨터와 인공지능의 도움을 받아 맞춤형 분자를 설계하는 화학합성이 이루어지면서 더는 자연산 제품이 필요하지 않을 거라고 생각한다. 그러나 번스타인과 치비안에 따르면 1981년부터 2006년 사이에 특허를 받은 의약품의 약 절반이 야생종에서 유래했다.

1960년 미국에서 처음 승인된 피임약 개발이 인류에 엄청난 영향을 미쳤다는 사실은 굳이 말할 필요도 없다. 이 피임약은 '용감한 개척자'라고 칭송받는 미국의 화학자 러셀 마커의 식물 연구에서 시작되었다. 1930년대 말 마커는 사르사파릴라라는 식물에서 추출된 화합물에서 임신 호르몬인 프로게스테론을 얻는 방법을 찾아냈다. 하지만 이 방법은 그 절차가 매우 길고 비용도 많이 들어 효용성이 떨어졌다. 그런데 그는 일본인들이 마속의 참마 덩이줄기에서 자신이 얻고자 했던 것과 유사한 화합물(스테로이드)을 추출하는 데 성공했다는 사실을 알게 되었다. 곧 미국의 남서부와 멕시코에도 참마가 있다는 사실 또한 알게 되었다.

1940년대에 그는 미국 정부 당국의 의견을 무시하고 멕시코 베라크루스주의 오리사바로 가는 버스에 올라탔다. 그리고 그곳에서 지역민들이 '검은 머리'라고 부르는 식물의 뿌리혹 2개를 얻었지만, 금세 도둑맞고 말았다. 결국 그는 경찰에게 뇌물까지 주면서 그중 하나를 되찾아 몰래 펜실베이니아로 가져왔다. 이 뿌리혹에서 프로게스테론을 얻었지만, 그의 후원자들은 멕시코에서 대규모로 참마를 수확하는 것이 불가능하다고 생각하여 이 발견을 상용화하는 것을 거절했다. 그 후로 그는 혼자 일할 수밖에 없었다. 그는 베라크루스로 돌아가 10톤에 달하는 뿌리혹을 거둬들였고, 여기서 3킬로그램의 순수한 프로게스테론을 얻었다. 이는 그때까지 생산된 것 중에서 가장 많은 양이었다. 몇 년 후 마커가 은퇴한 다음, 그가 멕시코에 설립했던 회사에서 분리되어 나온 회사가 그가 생산했던 프로게스테론에서 노르에티스테론을 얻었다. 이는 실제로 처방된 최초의 경구용 피임제의 활성 성분이었다. (류머티즘성 관절염 치료에 필수적인 코르티손 역시 멕시코산 프로게스테론에서 얻은 것이다. 다만 경쟁사가 추출에 성공했다.)

노랑개자리와 균류가 항응고제의 비밀을 숨기고 있다거

나 참마가 피임약 발견에 기여할 것이라는 사실을 누가 알았겠는가? 여기서 아직 다루진 않았지만, 연구실에서 실험동물로 쥐, 초파리, 플라나리아 등을 이용한 덕분에, 인류에게 아주 중요한 발견을 할 수 있으리라고 상상이나 했을까? 생물다양성 속에, 예를 들어 프란시스코 마르티네스 모히카가 산타폴라 염전의 고균을 통해 게놈 편집을 가능하게 하는 메커니즘을 발견한 것처럼, 겉으로는 정말 보잘것없어 보이는 것 속에 인류의 행복을 위한 보물이 아직도 숨겨져 있을 거라는 사실을 예견할 수 있는 사람이 몇이나 될까? 생명체들은 지금까지도 우리 건강에 엄청나게 이바지해왔다. 그러나 아직도 우리에게 줄 것이 많이 남아 있다.

참고로 1980년대 말에 국제자연보전연맹IUCN의 제프리 맥닐리 교수는 선진국들이 자연에서 얻은 의약품의 상업적 가치가 1년에 400억 달러에 이를 것이라고 추정했다. (오늘날에는 거의 950억 달러에 이를 것이다. 여기에는 고통을 줄여주고 생명을 구해준 것에 따른 가치도 포함되어 있다.)

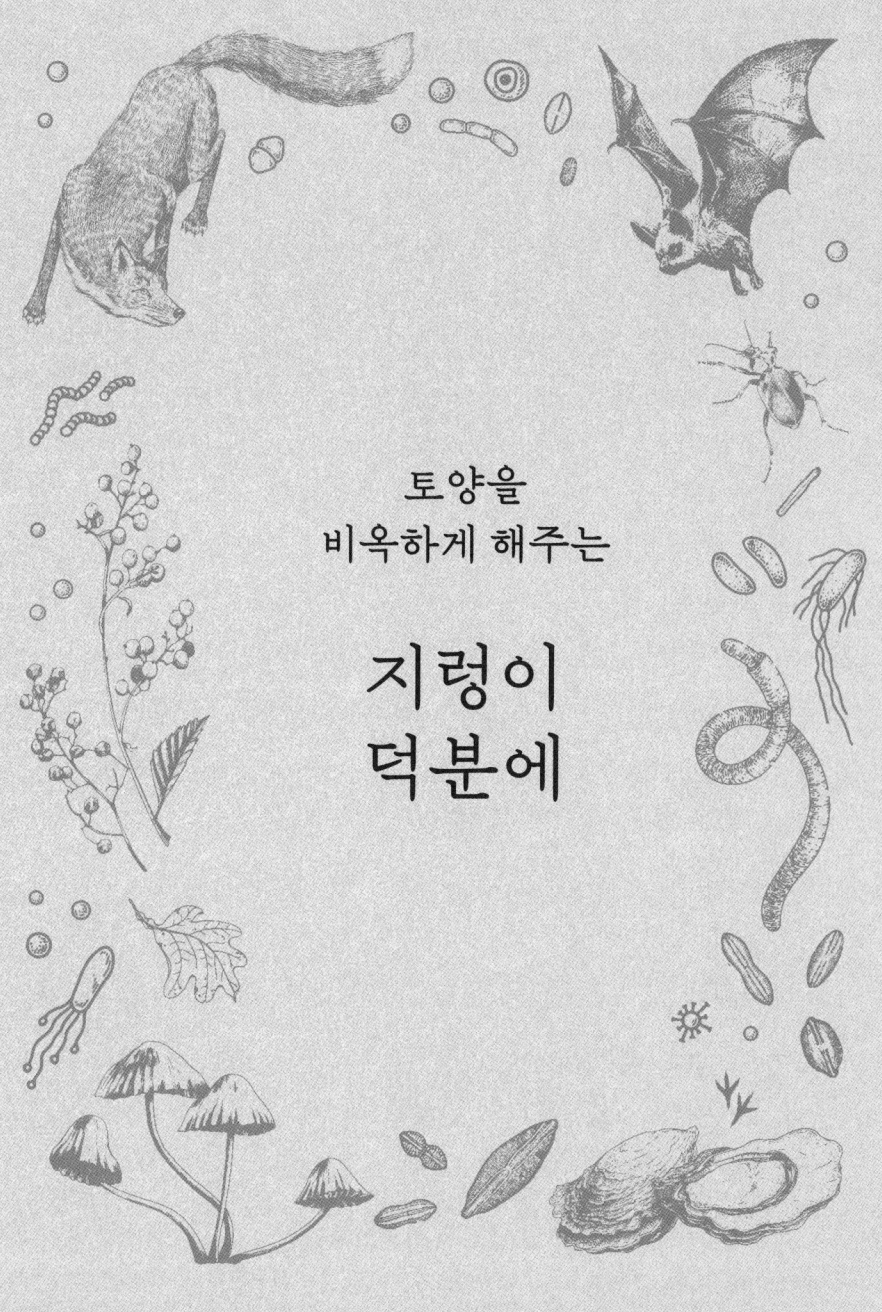

토양을
비옥하게 해주는

지렁이
덕분에

찰스 다윈은 5년간 비글호를 타고 전 세계를 돌아다니다가 돌아온 지 13개월이 지난 1837년 11월 1일, 런던의 지질학회에 발표를 신청했다. 거대한 나무늘보의 뼈 이야기를 하려 했던 걸까, 아니면 외국에서 새롭게 발견한 것에 대해 늘어놓고 싶었을까? 머나먼 곳의 화산과 암초에 대한 새로운 소견을 늘어놓을 속셈이었을까? 그런 것은 아니었다. 그는 분변토 형성에 지렁이가 어떤 역할을 하는지 이야기할 생각이었다. 정확하게는, 유별난 행동을 하는 이국의 이상한 지렁이가 아니라 런던에서 250킬로미터 떨어져 있고 그의 삼촌 조사이아(훗날 다윈의 장인이 되었다)의 농장이 있던 메어Maer의 보잘것없는 지렁이 이야기였다.

다윈은 그다지 서두르는 성격은 아니었다. 생각하는 걸 좋아했고, 사물들에 대해 시간을 두고 깊이 성찰했으며, 자기가 무엇을 이야기하고 싶은지 확신이 설 때까지는 절대로 글을 쓰지 않았다. (최근에, 그가 연구 자금을 지원받기가 얼마나 어려웠을지에 대해 사람들 사이에서 엄청나게 많은 농담이 오가고 있다.) 그러나 그는 절대로 지적인 욕심을 포기하지 않았다. 지질학회에서 했던 강연의 개요는 1838년 논문집에 실렸고, 다윈 자신도 1840년에 이를 재편집하여 출판했다. 그리고 4년 후에 원예 잡지에 다시 게재하면서 몇몇 오류를 바로잡았다.

그로부터 25년이 흐른 뒤, 다윈의 글에 회의적이었던 독자인 피시 씨가 같은 잡지에 다윈의 의견을 비판하는 글을 실었다. 다윈은 "지렁이가 자기에게 부여된 일을 할 수 없을 거라는 가정에 기초하여" 생각했다는 것이다. 이미 명성을 누리고 있던 다윈은 자신이 그 주제에 관해 많이 연구하지는 않았지만 잊지는 않고 있다고 아주 짧고 겸손하게 대답했다. "최근 25년 동안 지렁이들의 활동으로 인해 땅속에 묻혀 있던 수많은 돌멩이가 점차 사라지다가, 최종적으로 완전히 없어진 것을 보아왔습니다. 그래서 나는 지렁이들이 어떻게 땅을 파고, 자기 배설물을 어떻게 지표면에 뿌리는지 살펴보기 위해 몇 제곱야드*에 걸쳐 석회 가루를 뿌리기도 했습니다."

다시 10년이 지났다. 다윈은 이제 기력이 쇠약해지고 병을 앓고 있었지만, 다시 이 문제를 열정적으로 다루었다. 1881년 10월, 그가 죽기 6개월 전에 출판된 마지막 저서의 제목은 『지렁이의 활동과 분변토의 형성』이었다. 이 책의 결론에서 그는 땅에 사는 이 작은 지렁이가 하는 일을 아주 적극적으로 평가했다. "열등하다고 여겨지지만 인류의 역사에서 시원시원하게 일을 처리했던 이 지렁이만큼 중요한 역할을 한 동물은 찾아보기 힘들다."

『지렁이의 활동과 분변토의 형성』은 당시 대단한 베스트셀러였다. 멕시코의 지렁이 연구자이자 다윈의 책을 스페인어로 번역했던 카를로스 프라고소는 책이 출간된 날 초판 2,000부가 완판되었고, 다음 달에 3,500부가 팔렸으며, 2년 후엔 판매 부수가 8,500부에 달했다고 이야기했다. 유명세를 타 엄청난 스캔들을 불러일으켰던 『종의 기원』도 이 정도는 아니었다. 당시 다윈은 널리 알려진 인물이었고 책에서 언급한 동물이 모두에게 친숙한 동물이라는 점, 그리고 원예

★   1제곱야드는 0.83제곱미터다.

가들과 정원사들이 쉽게 접근할 수 있고 관심을 가질 법한 내용이었다는 점이 이 책이 성공할 수 있었던 이유였다.

당시는 자연선택에 의한 진화론의 아버지가 언뜻 보기에 이렇게 평범한 주제에 시간을 투자했다는 사실에 대체로 놀라는 분위기였다. 풍자 잡지『펀치』는 캐리커처 두 장을 게재했는데, 한 장은 노인이 된 다윈이 정신을 집중하고 허공에 물음표를 그리고 있는 지렁이를 바라보는 그림이었다. 다른 한 장은 "인간은 지렁이에 불과하다"라는 글자 위에 그림을 넣었는데, 유충에서 시작하여 일련의 이미지를 거쳐 머리와 팔이 나타나더니 처음엔 원숭이로 바뀌었다가 점점 정교해져 인간을 거쳐 결국은 다윈으로 변하는 나선형 그림이었다. 이런 선의의 농담을 떠나, 이 책은 상당수 시골 사람들의 지렁이에 대한 시각을 바꿔놓았다. 리처드 밀너가『펀치』에 실었던 글(이후에『진화 사전』이라는 책에도 실렸다)은 이런 상황을 익살스러운 어조로 그리고 있다.

늙은 지렁이, 나는 너를 마음껏 비웃었지.
유년기에도 청춘에도 한 번도 예뻤던 적이 없으니까.
(너도 이건 인정해야 하지 않을까?)
그래서 예전에는 너를 낚시 갈고리에 꿰면서도 아무렇지 않았지.
하지만 이젠 모든 게 달라졌어.

네가 얼마나 부지런한지 다윈이 말해줬거든.

덕분에 네 명성도 날로 높아지고 있고.

이젠 너에게 존경심까지 일어.

지혜로운 지렁이, 내게 너만큼 강한 충격을 안겨준 친구도 별로 없거든.

지렁이는 고대부터 우리 인간의 관심을 끌었고, 항상 나쁘게 받아들여진 것은 아니다. 조지 브라운을 비롯한 여러 작가가 말하길 아리스토텔레스는 지렁이를 '지구의 내장'으로 간주했다고 한다. 아마 땅속에서 꿈틀거리는 데다 바빌로니아 사람들이 지렁이를 요통 치료제로 사용했기 때문일 것이다. (어떻게 사용했는지는 의문이다.) 이집트 제국에서는 지렁이로 날씨의 변화를 예측했다. 클레오파트라는 지렁이가 얼마나 농사에 기여하는지 알고 그랬는지는 모르지만, 지렁이를 신성한 동물로 간주해 보호하라고 명령을 내리기까지 했다. 전해오는 이야기에 따르면 사제들이 모든 시간을 지렁이 연구에 바칠 수 있도록 휴가를 주기도 했다. 안타깝게도 사제들이 어디까지 연구했는지는 알 수 없다.

그러나 이후 지렁이에 대한 긍정적인 평가는 낚시 미끼로 사용되는 경우를 제외하면 점차 감소했고, 결국 19세기에는 모든 사람이 지렁이를 정원과 과수원의 골칫거리로 여겨

이들을 박멸할 방법을 찾아 나서기에 이르렀다. 당시 원예 잡지에서 지렁이를 박멸하는 방법을 추천하기도 했다. "손전등을 이용해 저녁에 조용히 지렁이를 잡으세요. (…) 지렁이가 나올 때까지 망치로 땅을 두드리세요." 예전에도 길버트 화이트나 P. E. 밀러 등 몇몇 작가가 비옥한 토양을 만드는 데 지렁이가 하는 역할을 언급하긴 했지만, 시민들과 과학자들의 지렁이에 대한 인식을 완전히 바꿔 오늘날처럼 원예가들과 완벽하게 한통속인 존재로 받아들여질 수 있게끔 새롭게 계기를 만든 것은 다윈의 책이었다.

그러면 토양은 왜 중요할까? 지렁이가 토양에서 어떤 역할을 맡고 있을까? 최소한 토양이 왜 필수적인 요소인지, 그 기능은 대부분 알고 있을 것이다. 우선 토양은 우리 인간의 모든 활동, 예컨대 도시를 건설하고, 도로를 만들고, 공장을 짓고, 농작물을 재배하는 등의 활동을 위한 물리적인 토대가 된다. 한마디로 우리 인간은 토양 위에서 살아간다. 게다가 토양은 우리에게 유용한 물질을 공급한다. 그러나 전적으로 무기질로만 이루어진 죽어 있는 곳, 다시 말해 콘크리트 판 같은 곳 위에서 이런 활동을 할 수도 있다. 토양이 중요한 이유 중에서 가장 직관적이지 않은 점을 든다면 아마 토양이 살아 있다는 사실일 것이다. 엄밀한 의미에서 토양이 살아 있어야만, 토양 스스로 우리 인간과 여타 지구상에서 살아가는 생명체들이 만든 쓰레기들(매년 가을에 떨어지는 잎과 가지, 모든 동물의 사체, 아직 살아 있는 동물들의 배설물 등)을 수용하여 분해하고 재활용할 수 있다. 그뿐만이 아니다. 그냥 흘러내려 가지 않은 물을 저장하고, 식물에 필요한 영양분을 생산하여 농업이 가능하게 해준다.

토양은 풍요의 근간이다. 이러한 토양이 형성되기까지는 수천 년이 걸린다. 그럼에도 불구하고 기상 조건의 변화나 인간의 잘못된 관행 등으로 불과 몇 년 만에 모든 것을 잃을 수도 있다. 토양은 원래 지하에 숨겨진 광물성 지층에서 비롯되며, 다양한 기상 현상(기온의 변화, 바람, 얼음 등)에 따라 분해되어 영양분을 만들고 미생물에 의해 모습이 바뀐다. 토양 표면에 더해진 다양한 분해 단계의 유기물은 점차 무기물과 섞이게 된다. 이때 무기물의 입자가 아주 미세하면(직경이 2,000분의 1밀리미터 이하) 점토라고 하고, 중간 크기면(직경이 1,000분의 2에서 1,000분의 20밀리미터) 진흙, 가장 큰 경우는 모래라고 정의한다. 그리고 토양의 질감에 따라 상태와 조건이 달라진다. (점토는 물을 잘 통과시키지 않지만 내부에 많은 물을 보유하고 있다. 그러나 반대로 모래는 물을 잘 통과시키지만 물을 담아놓지는 못한다. 그러므로 모래가 많은 토양은 침식되기 쉽다.) 정상적인 토양에는 미네랄 입자와 분해된 유기물(부식질)이 있으며, 공기와 물이 있는 공극과, 전체 토양 무게의 1,000분의 1이 채 되지 않지만 아주 중요한 역할을 하는 생명체도 있다.

    우리가 늘 밟고 다니는 지표면 아래에서는 수백만 마리의 미생물과 동식물이 우글대며 비옥한 토양을 만들어, 우리에게 먹거리를 안겨줄 뿐만 아니라 지구상의 생명체들이 살아가게 해준다. 가장 개체 수가 많고 토양 생태계의 토대를 이루는 것은 미생물군이라고 알려진 박테리아와 고균 그리고 균류다. 그러나 이들 위에는 좀 더 큰 생물들이 셀 수 없이 많다. 크기에 따라 분류한다면, 단세포 원생동물, 선충류라고 불리는 작은 유충, 엄청나게 많은 진드기 순서로 들 수 있는데, 이들을 맨눈으로 관찰하기는 매우 어렵다. 이들에 이어 물벼룩처럼 튀어 오르기도 하는 톡토기가 있는데 1제곱미터당 5만 마리 이상이 사는 경우도 있다. 이들은 크기는 작지만, 맨눈으로도 볼 수 있다. 다음으로 거의 모든 것을 견딜 수 있는 기이하게 생긴 완보동물(이들은 1세기에 가까운 기간을 건조한 상태에서 생존할 수 있으며, 영상 150도나 영하 200도의 온도도 견딜 수 있다. 그뿐만 아니라 전리방사선으로도 죽일 수 없다), 즉 물곰이 있다. 마지막으로 가장 큰 동물로는 우리에게 아주 친숙한 쥐며느리, 흰개미, 개미, 지네, 작은 곤충들, 지렁이 등을 들 수 있다. (식물도 잊어선 안 된다. 토양 아래에는 가지와 잎으로 이루어진 땅 위의 푸른 숲만큼이나 광활하고 커다란 뿌리로 이루어진 숲이 있다.「균류 덕분에」를 보라.)

그레천 데일리*가 다른 사람의 말을 인용하여 그 규모를 가늠한 자료에 따르면, 토양 1그램 안에는 수십억 마리의 박테리아와 잘 알려지지 않은 고균이 있으며, 최대 100만 개의 균류 포자가 있을 수 있다. 덩치가 좀 더 큰 생물의 경우에는, 덴마크의 초원을 예로 들면 1제곱미터 아래 1천만 마리 정도의 선충류, 4만 8천 마리의 작은 곤충류와 진드기, 4만 5천 마리의 지렁이가 살고 있다고 한다.

이렇듯 살아 있는 토양은 미생물군과 동물군을 보유하고 있다. 이들의 기능으로는, 대기 중에서는 비활성 요소이지만 생명체에겐 필수인 질소를 고정하고, 식물에 물과 영양분을 공급할 뿐만 아니라, 물의 침투를 조절하고, 특히 유기물을 분해하여 (경우에 따라서는) 독성을 제거하고 무기질화하는 것 등을 들 수 있다. 여기서 무기질화는 분해된 유기물을 식

---

* 미국의 환경과학자이자 열대생태학자다. 데일리는 자연에 대한 인류의 의존성과 영향을 알리고, 전 세계의 정책, 재정, 관리 및 관행 등의 영역에서 자연을 제대로 평가하기 위한 체계적인 접근 방식을 개발하는 데 기여했다.

물이 (영양소로) 이용할 수 있는 간단한 수용성 화합물로 바꾸는 것을 의미한다.

마른 잎이 변하는 과정을 살펴보면 무기질화 과정을 이해할 수 있다. 나뭇잎이 땅으로 떨어지면, 지렁이와 쥐며느리 등이 이를 잘게 부수고 빻는다. 그러면 박테리아와 균류들이 그 조각들을 분해하기 시작한다. 그다음에는 선충류가 이 미생물들을 먹고, 진드기는 선충류를 먹는다. 수차례에 걸쳐 미생물에 의해 먹히고, 배설되고, 공격당한 나뭇잎은 먹이사슬에 참여한 모든 유기체의 사체와 함께 결국 무기질화되어, 살아 있는 생명체를 형성하는 데 필요한 탄소나 질소 혹은 여타 생산물로 변환된다. 요약하자면, 복잡한 토양 생태계는 자연에서 재활용의 기반이자 순환 경제의 좋은 예다. 무언가의 폐기물이 언제나 다른 생명체에게 자원이 되기 때문에 쓸모없는 것은 하나도 없다. 다른 생물의 유해를 이용하고, 그 폐기물로 또 다른 생물을 위한 자원을 생산하도록 진화한, 해체와 분해에 최적화된 생물이 존재하지 않는다면 (가장 넓은 의미의) 쓰레기가 우리를 질식시키고 말 것이다.

유기물(사체나 배설물 등)의 분해와 무기질화에 가장 큰 책임을 지고 있는 것은 박테리아와 균류다. 이것은 부분적으로 이들 중 일부가 강력한 방어 항생제를 생산하고 있다는 사실을 설명해준다. 토양에서 자라는 균류가 생산하는 페니실린이나 박테리아에서 온 스트렙토마이신이 그 예다. 토양에 존재하는 여타 생명체들 역시 중요한 역할을 맡고 있다. 일부 원생동물과 선충류는 균류나 미생물을 잡아먹으며, 다른 동물들은 여기서 나온 배설물을 소비한다. 또 다른 동물들은 원생동물이나 선충류의 포식자들을 잡아먹기도 한다. 마찬가지로 진드기, 지네, 흰개미, 지렁이와 같이 큰 동물들의 유기물 잔해를 분해하고 자기 소화관에 미생물을 퍼뜨리는 동물들도 있다. 식물 뿌리 등 토양을 섞어주는 생물*도 존재하는데, 이들은 통로, 기공, 유기물과 무기물의 안정적인 집합체 등을 만들어 토양 구조에 영향을 미칠 뿐만 아니라, 미생물의 분해 활동을 촉진하고 수분 및 가스의 보유량과 영양분 사용을 통제한다. 지층에 이런 생물을 도입하면 농업 생산성이 향상되고, 비료와 폐기물의 처리 속도가 빨라진다.

그러면 토양을 뒤섞는 생물 이야기와 함께 다시 다윈의 지렁이 이야기로 돌아가자.

---

* 게, 조개류 등과 같이 토양이나 퇴적물 속을 파헤치거나 뒤섞는 생물들이 있다. 지렁이도 여기에 속하는데, 이들은 토양 구조, 통기성, 유기물 분해 등에 긍정적인 영향을 미쳐 생태계 내에서 중요한 기능을 수행한다.

아무리 철저했다손 치더라도(실제로 그랬다) 다윈의 분변토와 지렁이에 관한 연구는 한계가 있었다. 예를 들어 전 세계적으로 4천여 종의 지렁이가 기술되어 있지만, 다윈은 그중 몇 종만을 다뤘고, 게다가 그다지 구체적이지도 못했다. (다윈이 살던 시대에는 영국에 지렁이 전문가가 없었다. 다윈은 주로 보통의 지렁이, 즉 Lumbricus terrestris에 관해 기술했지만, 후대의 연구자들이 밝혔듯이 이 종이 그가 살던 곳에서 가장 흔한 종은 아니었다. 다운Down에 있던 다윈의 집 주변은 전부 세계문화유산으로 지정되었는데, 지렁이가 가장 많이 발견된 곳은 1제곱미터당 700마리 이상이 서식하는 그의 텃밭이었다.) 따라서 우리는 사실상 이름 말고는 아무것도 알려지지 않은 지렁이 종이 엄청 많다는 사실을 고려해야 하며, 토양의 문제를 해결해주기보다는 반대로 문제를 일으키는 종(예를 들어 미국 숲에 사는 유럽 지렁이)도 많다는 사실을 언제나 염두에 두어야 한다.

예전에는 지렁이에게 특별히 관심을 두지 않았던 다윈에게, 지렁이와의 로맨스(이는 과장이 아니다. 그의 아내 엠마는 "그가 사랑한 지렁이"라고 했고, 그 역시 지렁이를 두고 "나의 열정"이라고 이야기했다)는 1837년 9월이나 10월경 메어를 방문하면서 시작되었다. 함께 밭을 거닐던 삼촌 조사이아는 다윈에게 몇 년 전 토양의 상태를 개선하기 위해 석회나 재를 얇게 깔았는데 지표면에서는 아무런 흔적도 찾아볼 수 없지만 몇 인치만 파도 그 흔적이 그대로 남아 있다고 알려주었다. 조사이아는 석회나 재가 균일하게 묻혀 있는 것은 지렁이들이 매일 밤 그 위에 남긴 똥 때문이라고 했다. 아마 다윈은 그 순간 매우 오랜 시간에 걸쳐 산호초를 형성한 산호들의 느린 움직임을 떠올리고 지렁이들의 활동이 지질 차원에서 이런 결과를 초래했을 거라는 사실을 깨달았을 것이다. (실제로 그는 책 끝부분에서 회의론자들에 대해 씁쓸한 톤으로 이렇게 이야기했다. "우리는 여기서 계속 반복되는 원인이 가져올 효과조차 종합하지 못하는 인간의 무능함과 관련한 확실한 사례를 볼 수 있다. 과거에는 지질학에서, 그리고 최근에는 진화론의 기초를 다지는 과정에서 보여준 이런 식의 무능함은 과학의 발전을 지연시켜왔다.")

지렁이처럼 토양을 섞는 생물은 종종 '토양 엔지니어'로 간주되는데, 장소에 따라 흰개미, 개미, 특정 딱정벌레의 유충 등도 여기에 포함된다. (또 다른 예로는, 그리스-로마 작가들이 발레아레스제도의 도시 전체를 파괴했다고 말했던 우리의 친구 굴토끼의 굴 파기 활동을 잊어선 안 된다. 또한 흙더미에 빛을 안겨주며 정원사와 골프장 관리인을 괴롭히는 두더지와 들쥐도 절대 잊지 말자.) 다양한 종의 지렁이들은 토양의 맨 위층에서 활동한다. 그리고 토양을 관통하여 2미터 깊이까지 수직으로 지하 갱도를 만드는 지렁이는 아네키카 혹은 상향성 지렁이라는 이름으로 알려졌는데, 앞에서 언급했던 보통 지렁이도 여기에 포함된다. 야행성인 아네키카 지렁이는 밤이 되면 습기가 필요해서 지표면으로 올라와 유기물(예를 들어 썩어가는 나뭇잎)을 모아, 이를 먹기 위해 지하 갱도로 가지고 들어간다. 낮에는 주로 땅속 깊은 곳에서 숨어 지내는데(겨울과 건기에도 마찬가지이며 일종의 동면 상태에 들어가기도 한다) 땅 위로 나올 때는 대체로 흙을 배설해 땅 위에 작은 흙더미를 만드는 독특한 모습을 보인다. 그 모양이 꼭 지렁이를 닮았는데, 잘 만들기도 하지만 엉성하게 만들기도 한다. 그리고 영어로는 'cast'(글자 그대로 '틀')라고 한다. 카를로스 프라고소는 스페인어로 이를 투리쿨로스turrículos*라고 명명했다. 지렁이의 배설물은 결코 적다고 할 수 없다. 물론 한 마리가 배출하는 양(1년에 10그램 정도)은 얼마 되지 않지만, 개체 수가 많기에 다 합치면 상당히 많은 양이 된다.

---

*　　라틴어로 '탑'을 의미하는 'turris'를 이용해 만든 단어로, '작은 탑 모양의 구조물' 또는 '지렁이의 배설물이 쌓인 흙탑'을 의미한다.

앞에서 이야기했듯이, 다윈은 지렁이가 소화관에서 걸러낸 흙이 지표면에 있는 것들을 덮어버린다는 사실을 알아냈다. (다운에 있는 다윈의 집이자 박물관에서는 그의 자녀들이 단계적인 지반 침하 정도를 측정하는 데 사용했던 '지렁이 돌'을 볼 수 있다.) 다윈은 개인적으로도 많은 연구 결과물을 내놓았을 뿐만 아니라, 다른 사람들에게 위임한 것도 적지 않으며, 수많은 사례를 설명했다. 다윈의 어떤 실험은 29년이나 걸렸다. "1842년 12월 20일, 나중에 얼마나 깊이 파묻히는지 보기 위해 집 근처의 밭에 석회 조각을 뿌렸다. (…) 1871년 11월 말, 지표면으로부터 7인치(17.7센티미터) 정도의 깊이에 하얀 덩어리들이 줄지어 묻혀 있는 것을 확인할 수 있었다. 이로 미루어 1년에 대략 0.22인치(5.6밀리미터)씩 분변토를 생산한다는 사실을 알 수 있었다."

다윈의 집 옆에는 아이들이 뛰놀던 자갈밭 가까운 곳에 들판이 있었다. "커다란 돌들이 식물성 분변토와 풀로 덮일 때까지 오래 살 수 있을지 궁금했던 기억이 난다. (…) 30년 후, 돌멩이 하나 없이 완벽하게 풀로 덮인 들판을 말이 이쪽 끝에서 저쪽 끝까지 힘차게 달릴 수 있게 되었다. (…) 이것은 분명 지렁이들의 작품이었다." 다윈은 지렁이들이 고고학 유적지를 흙으로 덮는 속도를 연구해보는 것도 굉장히 흥미롭겠다고 생각했고, 로마 모자이크와 스톤헨지의 '드루이드 돌'을 측정한 다음, "고고학자들은 영겁에 가까운 오랜 시간 동안 지렁이들이 투리쿨로스를 쌓아 땅 위에 내던져져 해체될 위험에 빠진 고대 유물들을 보호하고 보존해준 것에 감사해야 할 것이다"라고 결론지었다.

그러나 시간이 흐르면서 다윈은 접근법을 바꾸었다. 각각의 물체가 어떤 식으로 땅속에 파묻히는지(명확히 이야기하면 토양이 어떤 식으로 솟아오르는지) 연구하는 것보다는 지렁이들이 투리쿨로스 형태로 쌓는 분변토의 무게를 측정하는 방법을 선택하기로 했다. 그는 연락을 주고받던 공동 연구자들에게 도움을 요청했다. "전적으로 신뢰할 수 있는 여성 한 분이 1년 동안 서리주 리스 힐 플레이스 부근의 각각 독립된 2제곱야드에서 생산된 투리쿨로스를 모두 모아주겠다고 제안했다." 다윈은 이 책에서 수집 장소와 날짜를 언급하며 무게를 측정하기 전에 투리쿨로스를 햇볕이나 불로 말리는 방식까지 이야기했다. 서리주에서 두 곳 그리고 니스 근처에서 두 곳, 도합 네 곳에서 1년 동안 1헥타르(1만 제곱미터)당 지표면에 쌓인 분변토의 양이 각각 36톤, 45톤, 19톤(지렁이에게는 아주 불리한 조건이었던 곳에서), 40톤에 달했다고 밝혔다. 이는 당연히 지렁이의 개체 수와 활동에 영향을 미치는 토양의 특성에 따라 좌우되는데, 최근의 연구에 따르면 일상적으로 연간 1헥타르당 40~70톤 정도의 값이 나타난다고 한다. 그렇지만 지역에 따라서 250톤(1센티미터 정도의 두께에 해당)에 달하는 곳도 있다. 다윈은 통기성을 높이기 위해 뭉친 흙을 부수고 밭을 가는 것은 "인간이 고안해낸 가장 오래되고 소중한 기술 중 하나"라고 이야기했다. 그러나 인간이 이렇게 인위적으로 밭을 갈기 전에도 지렁이들은 계속해서 이런 일, 즉 밭을 가는 일을 해왔다.

위아래로, 즉 수직으로 토양이 뒤섞이면 (오래된 지하 갱도가 붕괴하며 눈에는 띄지 않지만 지반의 침하를 야기하기에) 그 안에 포함된 미생물들 역시 함께 뒤섞이게 되는데 이는 대단히 중요하다. 갱도 자체도 마찬가지로 중요하다. 갱도는 물이 지하 깊숙한 곳으로 쉽게 흘러갈 수 있도록 해주며, 이를 통해 식물에 영양분을 공급한다. 그뿐만 아니라 토양의 다공성을 높여 공기가 잘 통하도록 해주고(이에 수분이 더해져 땅이 마르는 것을 막아준다) 뿌리가 깊이 파고들도록 도와준다. 토양이 너무 단단한 경우 뿌리는 보통 지하 갱도를 따라간다. 일반적으로 지렁이가 있는 토양은 지렁이가 없는 토양에 비해 물이나 공기가 잘 통할 뿐만 아니라 물을 담아두는 능력 또한 뛰어나다. 그리고 지렁이의 소화기관을 지나가며 토양의 생물학적 특성이 변화한다. 이에 대해 다윈은 이렇게 이야기했다.

"어떤 곳이든 지표면의 분변토는 이미 지렁이의 몸속을 통과했을뿐더러 시간을 두고 앞으로도 계속해서 통과할 것이라는 사실을 알게 된 것은 정말 놀라운 성찰이 아닐 수 없었다."

그러나 이는 지표면의 분변토에서만 일어나는 일이 아니다. 우리가 거론했던 아네키카 지렁이 외에도, 에피지어스 지렁이*와 엔도지어스 지렁이**가 존재한다. 호르헤 도밍게스와 비고 대학교에서 근무하는 동료들의 글에 따르면, 아네키카 지렁이는 일반적으로 몸집이 크고 어두운색을 띠며 번식이 상당히 느리다. 반면에 에피지어스 지렁이는 언제나 토양 위쪽의 낙엽이나 분해 중인 유기물 사이에서 그것들을 먹이 삼아 살아가는데, 일반적으로 몸집이 작고 붉은빛을 띠며 대사율과 번식률이 높다. 마지막으로 색소가 부족한 엔도지어스 지렁이는 토양의 깊은 곳, 광물층 근처에 자신의 배설물로 가득 찬 수평 갱도를 파고 흙과 흙 속의 유기물을 먹으며 살아간다.

모든 지렁이, 특히 먹이의 소비와 동화 속도가 빠른 에피

| * | 지표면 가까이에서 낙엽 등을 분해하는 지렁이의 종류다. |
| ** | 토양의 내부, 즉 깊은 곳에서 토양을 먹으며 수평으로 굴을 파는 지렁이의 종류다. |

지어스 지렁이와 같은 뒤섞는 자이자 훌륭한 분해자들은, 유기성 폐기물의 파편화와 영양분 재활용의 속도를 높여 생화학 차원에서 미생물과 균류의 작업 효율을 높인다. 그리고 지렁이의 배설물은 식물을 위한 유용한 양분을 모으는 역할도 한다. 일부의 평가에 따르면, 투리쿨로스는 주변의 토양보다 5배 이상의 질소, 7배 이상의 인, 11배 이상의 칼륨을 포함하고 있다. 이는 수많은 미생물이 서식할 수 있는 좋은 환경을 만들어주며, 지렁이는 이를 퍼뜨리는 역할을 한다. 데이비드 울프에 따르면, 지렁이는 토양에서 매일 몸무게의 10~30퍼센트(경우에 따라 100퍼센트에 달하기도 한다)를 처리하기 때문에 어떤 의미에서는 (굴과 같은) 바다 정화 생물과 똑같은 역할을 한다. 특정 생태계에서는 1년 내내 땅에 떨어지는 모든 나뭇잎을 먹어치우기도 한다. 울프는 "지렁이는 생태계 안에서 믹서기 역할을 한다. 즉 식물의 잔해를 잘게 부숴 이를 흙, 살아 있는 미생물 또는 죽은 미생물과 뒤섞은 다음, 식물 잔해의 겉면을 드러냄으로써 훗날 분해 미생물이 부식토로 만들 수 있도록 도와준다"라고 이야기했다.

지렁이는 지하에 서식하는 무척추동물의 50~70퍼센

트를 차지하기에 어느 면에서는 지하의 거인이라고도 할 수 있다. 논리적으로 따지면, 아프리카 초원의 코끼리나 바닷속 고래가 혼자가 아닌 것처럼, 지렁이 역시 혼자가 아니며 혼자일 수도 없다. 사실 지렁이가 살지 않는 곳 중에도 건강한 곳이 있을 수는 있다. 그러나 일반적으로 지렁이는 1헥타르당 개체 수가 적어도 300만에서 1,000만에 달하는 엄청나게 많은 동물로, 전체 무게는 수 톤에 달할 것이다. 일부 가축을 기르는 목초지에서는 땅속에 사는 지렁이의 총중량이 땅 위의 소나 양보다 많다는 사실을 안다면 놀라지 않을 수 없다. 지렁이의 도움을 받아 잠재적으로 오염원이 될 수 있는 유기물(올리브유 찌꺼기, 포도나 기타 과일의 껍질)을 천연비료로 사용되는 유용한 퇴비로 바꾸는 것을 의미하는, 지렁이 퇴비화를 도입하는 빈도가 점차 높아지고 있다. 많은 곳에서 지렁이의 개체 수와 농업 생산성 사이의 직접적인 관계가 입증되고 있다.

    우리는 지렁이를 여타 토양 내 생물다양성의 요소와 분리해 생각할 수 없다. 이 모든 것은 필수적이며 천천히 작용하여 살아 있는 토양을 만든다. 20세기 농업혁명으로 땅을 잘 갈아 물과 비료를 주고 살충제로 해충을 방제하는 것만으로도 좋은 결실을 얻을 수 있다고 생각할 수도 있다. 혹은 고형의 배양토가 불필요한 수경 재배만으로 식량을 얻을 수 있다고 생각할 수도 있다. 그러나 이는 전혀 근거 없는 허망한 꿈일 뿐이다.

21세기에 들어서면서 우리는 지속 가능한 방법으로 토양의 비옥도를 유지하는 자연 메커니즘의 중요성을 다시 한 번 인식하게 되었다. 이처럼 아주 오래된 프로세스를 깨는 것은 재앙을 초래할 뿐이다. 삼림 파괴, 화재, 과도한 방목, 부적절한 농업 관행 등은 토양의 건강을 위협하는 주요 요인이다. 미국 대평원에서 지난 50년에서 100년 사이 너무 경솔하게 진행되었던 과잉 경작 행위는 땅속 영양분의 수준을 절반으로 줄여놓았다. 그리고 우리는 근동의 사막 혹은 사막에 가까운 지역이 한때는 비옥한 초승달 지역이었다는 사실을 잘 기억하고 있다. 데일리와 동료들은 살아 있는 토양이 인간에게 얼마나 기여하는지 그 정량화를 시도한 끝에 다음과 같은 결론을 내렸다. "토양은 생명체에게 아주 기본적인 생태 서비스를 다양하게 제공하고 있기에, 전체적으로 토양의 가치는 무한하다고밖에 표현할 수 없다."

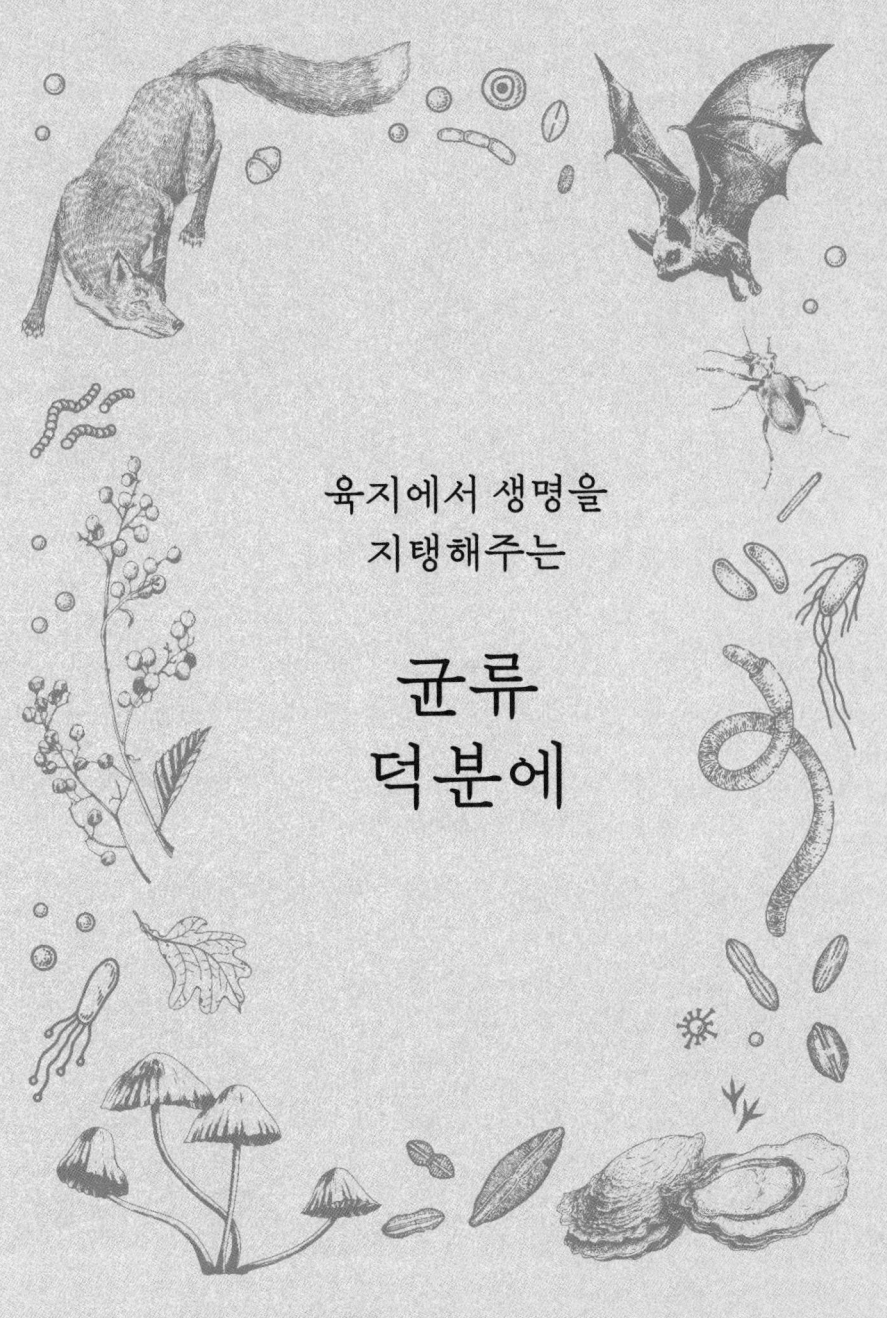

육지에서 생명을
지탱해주는

균류
덕분에

사람들은 버섯을 찾고, 수확하고, 맛보는 것 자체가 너무 나 큰 만족감을 주기에 균류*에 고마움을 느끼기도 한다. 그리고 소수이긴 하지만 환각을 유발하는 특정 균류에 고마워하는 사람도 분명히 있다. 이와 관련하여 어느 날 도냐나 국립공원**에서 방학 동안 우리를 도와줄 학생을 선발하던 중에 깜짝 놀랄 일이 있었다. 왜 이 일에 관심을 갖게 되었느냐는 질문에 한 여학생이 너무 솔직하게 대답했던 것이다. "환

---

*　우리가 먹는 버섯은 균류의 번식기관이다. 이 책에서는 'hongo'는 균류, 'moho'는 곰팡이, 'seta'는 버섯으로 번역했다.

각 효과가 있는 버섯을 찾고 싶어서요." (우리는 그 학생을 선발하지 않았다.) 하지만 말이 나온 김에 얘기하면, 우리가 직접 환각 버섯을 먹지도 않을 테고, 게다가 그런 버섯을 먹고 의식을 잃고 싶지도 않지만 다른 사람들이 그런 일을 대신 해주는 것에 감사할 수는 있다. 예를 들어 만일 버섯이 없었다면 루이스 캐럴은 절대로 『이상한 나라의 앨리스』를 쓰지 못했을 것이다. (키가 아주 작아진 앨리스에게 버섯의 갓을 먹으면 키가 커지고, 기둥을 먹으면 키가 작아질 것이라고 말했던 애벌레를 떠올려보라. 이것은 분명 전형적인 환각 현상을 의미한다.)

전자든 후자든 모두 그런 생각을 할 수 있는 권리가 있다. 버섯은 사실 눈에 확실하게 띄는 일부 균류(모든 균류는 분명 아니다)의 번식기관(혹은 자실체)에 불과하다. 다시 말하면 송로버섯이나 송이버섯이 맛있어서, 혹은 멕시코의 '신성한 버섯'의 환각 효과 때문에 버섯을 사랑하다고 말하는 것은 장미향이 좋아서, 혹은 배를 먹거나 아침에 오렌지 주스 마

** 스페인 남부에 있는 국립공원으로, 안달루시아주에 위치하며 구체적으로는 우엘바와 세비야에 걸쳐 있다. 이곳에는 매우 다양한 동식물이 서식하는데, 유럽과 아프리카 대륙의 특산종들 다수가, 예컨대 양이나 스페인 고라니, 유럽 오소리, 이집트 몽구스 등이 서식하고 있다. 특히 멸종 위기종에 해당하는 스페인독수리와 이베리아스라소니 등도 이곳에 서식하고 있다.

시는 것을 좋아해서 식물을 좋아한다고 판단하는 것과 대동소이하다는 생각이다.

물론 성가신 무좀이나 불쾌한 칸디다증, 그리고 아스페르길루스균에 의한 심각한 기관지염과 폐렴같이 균류와 연관된 질병 때문에 고통받은 적이 있거나 지금도 고통받고 있어서 균류를 증오하는 사람도 있을 것이다. 진균에 의한 감염을 의미하는 '미코시스'라는 용어는 19세기 중반 독일의 루돌프 피르호*가 처음 만들었는데, 이때는 코흐와 파스퇴르가 박테리아의 감염력을 입증하기 전이었다. 오늘날에는 인간에게 질병을 유발하는 수백 종의 균류가 알려져 있다. 또한 개미에게 기생하면서 정신을 조종하는 균류도 존재하며, 성공을 거둔 TV 시리즈 〈라스트 오브 어스The Last of Us〉에서는 돌연변이가 나타나면 이런 일이 인간에게도 일어날 수 있다고 이야기한다. 그러나 미코시스는 균류가 우리 인간에게 얼마나 대단한 존재인지를 보여주는 지표는 아니다. 한편으로는 일부 균류가 농업에 피해를 유발하고 (진짜든 상상이든)

---

* '병리학의 아버지'로 불리는 프로이센의 의사이자 병리학자다. 현대 의학의 기틀을 다졌을 뿐 아니라 공중위생과 보건복지 정책을 적극적으로 도입하여 서민의 생활 수준을 향상하는 등의 업적을 남겼다.

감염을 일으킨다는 사실은 확실히 인정해야 하지만, 다른 한편으로는 그동안 균류가 쌓은 공이 엄청나다는 사실 또한 인정해야 한다.

효모는 보통 단세포로 이루어진 미세 균류로, 발효를 일으켜 우리 식생활에서 매우 중요한 역할을 한다. 포도주는 포도의 당분을 알코올로 발효시킨 것이고, 맥주는 보리의 당분을 발효시킨 것이다. 다양한 효모가 포도주와 맥주라는 서로 다른 형태의 술을 만들어내는 것이다. (오늘날 가장 많이 소비되는 라거 맥주는 16세기 바이에른 수도원에서 발견되었으며 주로 차가운 환경에서 발효가 이루어진다.) 그뿐만 아니라 효모는 밀가루와 물로 빚은 반죽의 부피를 키우고, 빵의 부드럽고 폭신폭신한 질감을 만들어내는 역할을 할 뿐만 아니라 향과 맛을 결정하기도 한다.

효모와 곰팡이(이 역시 아주 작은 균류의 일종으로 다세포이며 실 모양이다)에 의한 발효를 통해 종종 원제품보다 오래 보관할 수 있는 제품이 만들어지는데, 이는 많은 균류에 항균이라는 특성이 있기 때문이다. 가장 널리 알려진 것은, 흙에서 흔히 볼 수 있으며 그 종류도 300종이 넘는 페니실륨속 곰팡이다. 바로 이 페니실륨 크리소게눔으로부터 우리는 긴 프로세스를 거쳐 페니실린을 얻었다. 이 그룹의 여타 종으로는 로크포르, 카망베르, 브리 등을 들 수 있는데 이 종들은 치즈 제조 과정에서 필수적이다. 마지막으로 일부 종은 독소를 만들어 우리 인간에게 악영향을 미칠 수 있다.

지금까지 이야기한 모든 내용은, 버섯을 만들고, 질병을 유발하고, 기본 먹거리의 발효를 돕고, 환각을 일으키고, 벌레를 유인하고, 질병을 치료하는 항생제를 생산하는 등의 능력이 있는 균류의 놀랄 만한 형태적, 기능적 다양성에 대한 이해를 돕기 위한 것이다. 여기에 한 가지만 더 자세히 설명하면 충분할 것이다. 앞에서 이야기했듯이 많은 균류는 크기가 아주 작다. 그래서 살아 있는 유기체 중 가장 크다고 알려진 것이 아마 균류라고 한다면 더 놀라지 않을 수 없다. 그렇지만 그런 버섯은 정말 보기 어렵긴 하다. 곧 이에 대해 자세히 설명할 것이다.

버섯(지표면에서 자라는 것뿐만 아니라, 우리가 보통 송로 혹은 흙송로라고 부르는, 땅속에서 자라는 버섯까지 포함)은 일부 균류의 자실체(식물의 열매와 유사)라고 할 수 있다. 유성생식의 결과물

로, 여기서 포자가 만들어지고 퍼져 나간다. 실제로 균류는 대부분 눈에 띄지 않는 곳에 감춰져 있으며, 아주 섬세한 구조로 이루어져 있다. 즉 소위 균사라는 가는 관 모양의 실이 서로 엉킨 형태로 되어 있는데, 이는 곤충의 껍질을 형성하는 것과 같은 키틴이라는 물질로 덮여 있다. 균사의 지름은 0.01~0.1밀리미터에 불과하지만 양이 엄청나기 때문에, 균류학자들은 1그램의 흙에 있는 균사를 풀어 한 줄로 늘어놓는다면 그 길이가 100미터에서 10킬로미터까지 이를 수 있다고 말한다.

균사의 형태적, 기능적 유연성은 정말 매력적이다. 때로는 균사가 모여 끈 모양을 형성하기도 하고(눈으로도 볼 수 있는 뿌리 모양의 다발 혹은 근류균인데, 뿌리와 비슷하게 생겨 이런 이름이 붙었다), 고난의 시기를 견디기 위해 그룹을 형성하여 저항성 구조체를 만들기도 하며, 차곡차곡 쌓거나 모양을 바꿔 버섯을 만들어내기도 한다. 균사는 끝부분에서만 자라며 계속 가지를 쳐 사방으로 뻗어 나간다. 이로 인해 균류는 주로 원형 모양으로 성장한다. 피부에 생긴 미코시스로 고통을 받아본 사람이라면 누구나 확인할 수 있고, 일부 숲에서 버섯들이 동그랗게 형성하는 '요정의 원fairy ring'에서도 이를 볼 수 있다.

균류의 균사 뭉치는 균사체라고 하며 하나의 기능 단위

를 구성한다. 균류의 균사체 일부는 보이기도 하지만 대체로 눈에 잘 띄지 않는다. 주로 토양 아래, 식물들의 뿌리 사이, 돌이나 그루터기 아래, 나무나 여타의 썩어가는 것들의 위, 벽, 오래된 책, 집에서 사용하는 카펫, 식품 저장고 등에서 자란다. 최근에는 바다 밑으로 몇 미터 들어간 바위나 퇴적물 사이에서도 번식한다는 사실이 알려졌다.

분자유전학이 충분히 발전하기 전에는 개별 균류의 균사가 어디까지 뻗어 있고 다른 균류의 균사가 어디서 시작하는지를, 불가능하다고까지는 말할 수 없지만 정확하게 알아내기 어려웠다. 균류 개체라는 것이 무엇인지 정의하는 것 자체가 정말 어려운 문제였다. 모든 세포가 똑같은 유전 정보를 공유하고 있기 때문이다. (우리가 공동생활 프로젝트라고 부르는 것에 협력하는 것 이상이다.)

1990년대 초, 세 명의 미국 출신 연구자들이 권위 있는 학술지인 『사이언스』에 짧은 논문을 하나 게재했다. 아밀라리아속 꿀버섯 종의 하나의 '유전 개체', 즉 유전적으로 똑같은 하나의 개체가 최소한 미시간주 37헥타르에 걸친 숲에 퍼져 있는데, 나이는 1,500살 정도이고, 무게는 푸른 고래와 비슷한 100톤 이상으로 추정된다는 내용이었다. 몇 년 후 워싱턴주 남서부에서 약 600헥타르를 차지하고 있는 또 다른 꿀버섯이 발견되었다. 21세기에 들어서기 직전에 오리건주에서 하나가 더 발견되었는데, 내가 아는 한 이 버섯이 현재 최고 기록을 보유하고 있다. 이 버섯은 약 965헥타르(대략 축구장 1,500개의 넓이)의 면적을 차지하고 있고, 나이는 2,400~8,650살로 추정된다. 지구에서 가장 큰 이 생명체는 엄청난 비밀을 안고 있는 유기체다. 이들이 우리가 전혀 눈치채지 못하는 사이에 말 그대로 우리 발밑에서 부글부글 끓어오르고 있다는 사실은, 균류가 우리 눈에 띄지 않는 곳에서 엄청나게 중요한 일을 많이 한다는 사실의 단서가 될 수 있지 않을까?

오래전 경찰 보고서에 나와 있듯이, 균류의 주된 임무는 '혼자서 혹은 다른 균류와 함께' 주변의 살아 있거나 죽은 유기물을 분해하여 그 결과물(영양소)을 자신의 신진대사에 통합하는 것이다. 다른 균류와 어울려 일하는 것은 매우 적절한 판단이다. 왜냐하면 균류는 공동 이익을 모색하는 가운데 친구를 만들고, 다른 삶의 형태를 가진 존재들과 관계를 맺는 데 탁월한 능력을 보유하고 있기 때문이다. 어디서든 볼 수 있으면서도 가장 중요한 증거를 보여주는 것이 지의류地衣類*다. 말하자면 지의류는 조류藻類(혹은 광합성 박테리아)와 균류의 공생 관계를 보여주면서 앞에서 언급했던 개체라는 개념에 반기를 든다.

    1869년 스위스의 식물학자 시몬 슈벤데너는 지의류는 우리가 일상적으로 믿는 것처럼 단순한 하나의 존재가 아니라, 실제로는 전혀 다른 두 존재가 긴밀하게 결합하여 형성된 것이라고 주장했다. 그중 하나인 조류는 대기 중에서 이산화탄소를 끌어모은 다음 빛의 도움을 받아 당(탄수화물)을 생산한다. 다른 하나인 균류는 물리적인 보호를 제공하는 대신 기질**로부터 질소나 인과 같은 여타의 필수 영양소를 얻는다. 이처럼 균류가 조류에게 기여하는 것을 과소평가한 슈벤데너는 균류가 조류를 이용하면서 '현명하게 노예로 삼고 있다'고 설명했지만, 실제로는 이들이 각자 떨어져 있으면 살 수 없는 곳에서도 힘을 합치면 살아갈 수 있다는 점을 받아들여 이들의 상호 이익을 인정했다. (오늘날에는 조류가 주도권을 잡고 있다는 사실이 알려졌다. 조류는 자기와 잘 맞는 균류를 발견하면 엄청난 양의 탄수화물을 배출하여 결합을 유도한다.)

---

*   일반적으로 조류와 균류가 공생하는 복합 유기체를 말한다. 따라서 지의류의 구조, 생리, 생화학적 기능은 격리 집단인 균류나 조류와는 사뭇 다르다.

**   생물학에서 '기질'은 유기체가 사는 표면이나 바탕을 의미하며, 이는 생물(예: 식물, 균류, 동물)일 수도 있고, 무생물(예: 암석)일 수도 있다.

슈벤데너의 동료들은 그의 견해를 폄하했다. (주인인 균류와 노예인 조류의 사랑을 어떻게 연상할 수 있었겠는가?) 그를 비판한 수많은 평론가 중에는 전 세계에서 1년에 수백만 권씩 팔려 나가는 『피터 래빗 이야기』를 쓴 유명한 동화 작가이자 삽화가인 베아트릭스 포터도 있었다. 포터가 유명한 아동문학 작가일 뿐만 아니라 위대한 자연주의자이자 과학 삽화가였으며 균류의 포자 발아 분야에서 뛰어난 전문가였다는 사실을 아는 사람은 그리 많지 않다. (그녀는 수십 년 후에야 밝혀진 발아 과정을 세세히 그려내기도 했다.) 여성이라는 이유로 과학자로서는 부당한 대접을 받았다는 말도 나왔는데, 실제로 1997년 런던 린네학회가 정확히 100년 전에 나온 그녀의 연구 업적을 제대로 평가하지 않았던 것을 무척이나 후회했기 때문이다. 하지만 그녀를 찬양하려는 열망이 지나쳐 그녀가 지의류를 혼합 생물로 인식한 선구자였다는 주장까지 나오게 되었다. 그러나 이는 사실이 아니다. 과학 분야의 멘토이자 그녀에게 표본을 제공해주었던 찰스 매킨토시에게 보낸 편지에서 포터는 단호한 어조로 자기 견해를 밝혔다. "우리는 슈벤데너의 이론을 절대로 믿지 않습니다."

반면에 독일의 식물학자 알베르트 프랑크는 슈벤데너의 이론을 진짜로 믿었다. 그는 지의류를 연구하는 과정에서 조류와 균류의 결합이 서로에게 이익이 된다는 사실을 명확하게 인식했다. 즉 지의류에 속하는 균류는 조류를 위해 토양으로부터 자원을 얻고, 조류는 균류를 위해 공기로부터 자원을 얻는다는 사실을 알게 된 것이다. 이런 식의 동거 형태는 이전엔 단 한 번도 기술된 적이 없어서 특별한 명칭이 필요했고, 결국 그는 1877년 '공생$_{symbiosis}$'이라는 단어를 만들어 냈다. 이 단어는 어렵사리 사람들에게 받아들여졌고, 이후 서로 다른 종 사이의 모든 유형의 관계, 특히 상호 이익이 되는 관계에 적용되었다.

지의류와 더불어 다른 생물들 간의 협력이라는 개념은 20세기 초 생물학과 사회학 분야의 사상에 혁명을 일으켰다. 단순화된 다윈의 자연선택 이론은 강자의 법칙을 무비판적으로 방어하는 논리로 퍼지고 있었다. (파코 이바녜스의 노래로 유명한 호세 아구스틴 고이티솔로의 시를 보자. "온 세상 그리고 태양과 바다는 다른 사람을 짓밟고 그 위에 앉을 줄 아는 사람들의 몫이다.")* 이런 상황에서 지의류에 대한 이야기는 신세계를 향한 문을 활짝 열어젖혔다. 우리는 진화 과정에서 가장 강한 자

---

*   이 시는 어른들이 늘 하는 말인 '돈 없이는 못 산다, 노력해야 한다, 다른 사람을 짓밟을 줄 알아야 위에 설 수 있다' 등을 비꼬는 내용이다. 한마디로 인간성을 상실하고 타인을 지배하여 자기만 편하게 살면 된다는 자본주의적 사고방식에 대한 신랄한 비판 의식이 담겨 있다.

가 언제나 승리하는 것은 아니며, 연대하고, 합의하고, 협상하는 것이 더 좋을 수도 있다는 사실을 고려하게 되었다. 이로써 19세기 말 러시아의 사상가 크로포트킨이 사회적 다윈주의에 대한 반론으로 쓴 유명한 저서 『상호부조론』이 완벽한 생물학적 의미를 갖게 되었다. 이러한 주장이 어느 정도까지 진실일지는 시간이 흐르면 자연스레 드러날 것이다. (오늘날 우리는 모두가 공생체이며 협력 덕분에 살아갈 수 있다는 사실을 너무나 잘 알고 있다. 「미생물 덕분에」를 보라.)

균류가 여타의 다른 생물과 관계를 맺는 능력은 (두 가지 정체성보다는 단 하나의 정체성이 부여되는) 아주 긴밀한 방식이든, 양자가 공동 참여자로서 자기 고유의 특성을 유지하는 방식이든 상관없이, 우리가 아는 세상의 모든 자연을 지탱해주는 힘이 된다. 우선 균류는 바위를 살아 있는 토양으로 만들었으며 지금도 계속해서 만들고 있다. 일반적으로 균류는 유기물을 먹이로 삼는데, 균사가 분비하는 소화효소 덕분에 이를 몸 밖에서 분해할 수 있다. 그러나 최소한 1997년부터는 일부 미세 균류가 글자 그대로 돌을 먹는다는 것이, 즉 자기가 가진 산酸으로 탄산염을 녹여 그 결과물로 만들어지는 영양소를 이용한다는 사실이 알려졌다. 이러한 일을 가장 잘하는 것이 바로 지의류인데, 이들은 식량이 아주 적은 환경에서 살아남기 위해 조류가 제공하는 에너지의 도움을 받는다. 지의류는 자외선, 고온 및 저온, 건조한 상태 등에 내성이 강해, 뜨거운 사막에서 남극대륙까지 전 세계 모든 생태계의 바위를 비롯한 여타 서식지에 모습을 드러낸다.

캐나다의 더글러스 라슨은 지구 전체 지표면의 약 8퍼센트에서 지의류가 지배적인 생물 종이라고 평가했다. 암석에 강한 친화력을 가진 지의류는 암석을 녹인 다음, 그 위에 죽은 지의류의 잔해를 이용해 무생물을 토대로 생활 물질을 형성하고, 식물이 자랄 수 있는 최초의 토양을 만들어낸다. 이와 유사한 과정이 5억 년 전 지구에서 일어났다. (오래된 화석 지의류가 발견되지 않았기에 박테리아와 균류가 이 과정을 주도했다고 본다.) 식물(균류는 분명히 식물이 아니다!)의 출현으로 본질적인 변화가 일어나면서 우리가 알고 있는 토양과 세상이 이루어진 것이다. 그러면 식물은 어떻게 출현했고, 어떻게 지구를 지배하게 되었을까? 이 모든 것은 균류 덕분이었을 것이다!

2014년에 자기 전공의 한계를 극복하겠다는 도전 의식을 품고 다양한 분야의 연구자들이 공통의 문제를 논의하기 위해 런던 자연사 박물관에 모였다. 일부는 유전체 혹은 전체 DNA의 염기 서열을 분석하는 유전체학 전문가들이었고, 또 다른 일부는 고생물학자와 화석학자들이었는데 이들 중에는 균류와 식물 연구에 매진하는 균류학자와 식물학자도 있었다. 이들은 어떤 관심사를 공유하고 있었을까? 그들을 한자리에 모은 심포지엄의 제목은 '식물의 기원과 진화 그리고 균류와의 관계'였다. 그들이 여기서 내린 결론은 일반 언론 매체를 통해 널리 알려졌고 덕분에 수많은 후속 연구가 이어졌다. 그들은 육지 식물 화석의 첫 번째 표본(포자)은 4억 7천만 년 전까지 거슬러 올라가는데, 이때는 이미 미세 균류와 미세 난균류(또는 유사균류. 감자 깜부기병균과 포도 흰가루병균이 여기에 포함된다)가 육지에 퍼져 있었다고 설명했다. 모든 것이 한 가지 사실을 시사했다. 식물의 출현은 수생 환경에서는 광합성을 할 수 있었지만 기질에서는 영양분을 얻을 수 없었던 녹조류와, 토양의 자원을 이용할 수 있었던 균류 사이의 협력, 즉 공생 관계에서 비롯된 것으로 보인다. 앞에서 이야기했듯이 화석 기록에서는 훨씬 뒤에 나타나는 지의류와 똑같진 않지만 유사한 점이 있다.

 장-마크 셀로스는 이 이야기를 아주 잘 요약해서 보여준다. 물에 잠겨 있는 조류는 필요한 모든 것, 예컨대 빛, 이산화탄소, 영양분 등을 주변의 물에서 얻을 수 있었다. 그러나 육지에서는 자원이 구분되어 있었다. 다시 말해 빛과 이산화탄소는 공기 중에서 얻을 수 있었지만, 물과 미네랄염은 토양에서 가져와야 했는데 조류는 그 방법을 알 수 없었다. 오늘날의 쇠뜨기말과(스페인과 비슷한 위도의 맑은 물에서 흔히 볼 수 있는 크기가 상당히 큰 조류)의 범주에 들어가는 일부 담수 조류는 해안에서 하나 이상의 균류와 동맹을 맺고 물 밖으로 나오는 데 성공했다. 이러한 동맹 관계를 통해 식물들이 진화했다. 이러한 진화는 분자시계에 따르면 약 5억 년 전에 발생했는데, 아직 이와 같은 초창기 식물 잔존물의 화석은 발견되지 않고 있다. 다만 스코틀랜드 애버딘셔의 라이니에서 발견된 4억 년 전의 식물 화석은 보존 상태가 상당히 좋은 편이다. 그 식물들은 땅을 기는 식물이었고, 그때만 해도 뿌리가 채 만들어지지 않았다. 그러나 조직 내부(세포의 형태로 미루어 보아 화석으로 만들어진 시기에 살아 있었다는 것을 알 수 있다)에는 가지가 무성한 균사가 있었고, 이는 오늘날 많은 식물의 균사와도 매우 흡사하게 생겼다.

식물과 균류의 결합은 양쪽 모두에게 이익이었다. 시간이 흐르자 균류가 정착할 수 있는 식물의 표면 부분이 넓어지는 방향으로 구조가 진화했다. 아마 이런 식으로 뿌리가 나오면서 식물이 땅에 정착하는 데 도움이 되었을 것이다. 뿌리는 대략 3억 6천만 년 전에 출현한 것으로 추정된다. 뿌리와 이와 결합한 균류를 가지게 된 식물은 점차 널리 퍼져 나가고 다양화되면서 육지를 정복했을 뿐만 아니라, 대기와 지각, 기후 등의 구성을 바꿔놓기에 이르렀다.

회의적인 독자라면 이렇게 중얼거릴 수도 있을 것이다. "좋아요. 수억 년 전 균류가 식물이 처음 탄생하는 데, 그리고 뿌리의 출현에도 아주 중요한 역할을 했다는 사실까진 받아들일 수 있어요. 그런데 이 때문에 우리가 영원히 균류를 사랑해야 하나요? 오늘날에는 균류에게 특별히 감사할 이유가 없는 것 아닌가요?" 아니다. 분명한 이유가 있다. 균류 없이는 살아 있을 수 없을 정도로 대다수 식물에게 균류와의 협력은 너무나 필수적이다.

19세기 전반기에 많은 식물학자가 참나무 같은 나무나 난초 뿌리와 물리적으로 하나로 결합되어 있는 균류의 균사가 있다는 사실을 알아냈지만, 단순히 기생하는 것이라고 생각했다. 그러나 후반기에 들어서면서 균류의 균사가 식물에 영양분을 공급할 수도 있다는 생각이 새로운 길을 열기 시작했다. 그리고 19세기 마지막 20~30년 동안 모든 것이 좀 더 명확해졌다. 고약한 냄새가 나는 땅속의 균류, 송로 때문이었다. 송로는 최음제 효과가 있어 언제나 사람과 동물을 끌어들였다. (송로를 찾을 때는 돼지나 개를 이용하기도 했고, 가끔은 놀랍게도 파리가 날아가는 것을 따라가 찾기도 했다. 사람이든 동물이든 송로의 복합적인 냄새를 뒤쫓게 되는데, 균류가 포자를 퍼뜨릴 수단을 유인하기 위한 미끼로 냄새를 이용하기 때문이다.)

송로는 180종에 달하는데 식용으로 사용되는 것은 불과 몇 종밖에 되지 않는다. 가장 가격이 비싸고 향이 좋은 것은 부엌의 다이아몬드라고 불리는 검은 송로다. 작곡가 로시니는 이를 가리켜 '버섯의 모차르트'라고 평했다. 2차 산업혁명 시기에 재화와 서비스 교역이 정점에 달하면서 송로를 끔찍하게 사랑했던 프로이센의 빌헬름 1세는 송로가 경제적으로 중요한 자원이 될 수 있다고 생각했다. 그가 자국의 농업성에 송로를 대규모로 생산하는 방법을 연구하라고 지시하자, 담당자들은 이 일을 당시 최고로 권위 있는 전문가였던 알베르트 프랑크에게 맡겼다. (기억할지 모르겠지만, 바로 '공생'이라는 단어를 만들었던 그 사람이다.) 우선 이런 프랑크도 송로를 재배하려다 처참하게 실패했다는 이야기를 해야 한다. (100년 후에야 프랑스에서 균류의 포자를 나무뿌리에 접종하는 방법이 발견되었고, 그제야 송로 재배의 길이 열렸다.) 하지만 이보다 더 영광스러운 실패는 없었다. 처음부터 그가 찾고자 했던 것은 아니었지만, 그가 발견한 것은 모두의 기대를 뛰어넘었다.

아주 꼼꼼한 관찰자였던 프랑크는 얼마 되지 않아 송로가 참나무나 개암나무 같은 특정 나무와 밀접한 관계가 있다는 사실을 깨달았다. 그는 땅속을 뒤지면서 송로 균류의 실처럼 뻗은 조직이 나무뿌리의 끝부분을 마치 망토처럼, 반복적이면서 질서 정연한 방식으로 감싸고 있다는 사실을 발견했다. 이런 긴밀한 결합에 깊은 인상을 받은 프랑크는 오늘날에도 여전히 유효한 삽화를 여러 장 그렸는데, 이 삽화들은 앞에서 말한 결합의 모습을 잘 보여준다. 당연히 그는 공생과 지의류를 떠올렸고, 곧이어 숙주인 나무와 송로버섯 모두 이 관계를 통해 이익을 얻는다고 생각했다. 그는 1885년에 자신의 발견 내용을 담은 짧은 논문을 발표하면서, 제목에 신조어인 균근이라는 의미의 'mycorrhiza'(그리스어로 '균류'를 의미하는 'myco'와 '뿌리'를 의미하는 'rhiza'의 합성어)를 도입함으로써 역사에 길이 남을 새로운 과학 용어를 만들어냈다. 그는 이런 글을 남겼다. "특정 수종樹種은 독립적으로 흙에서 양분을 얻지 않고, 특히 뿌리 시스템을 중심으로 균류의 균사체와 꾸준히 공생 관계를 맺는다. 이 균사체는 '습도를 조절하는 간호사' 기능을 수행하며 흙에서 나무로 완벽한 영양분을 공급한다."

해석이 지나치게 감상적이고 낭만적이라는 비난에도 프랑크는 수년간 연구에 매진했다. 그는 불모의 땅과, 분명히 균류의 균사가 있음 직한 인근 소나무 숲에서 채취한 토양, 양쪽에서 어린나무를 키워보았다. 자연에서 가져온 흙에서 자란 싹은 하나같이 균근과 관계를 맺고, 척박한 땅에 심은 것보다 더 크게 잘 자랐다. (주목받진 않았지만 수 세기 전에도 이와 거의 유사한 실험이 이루어졌다. 오랫동안 유럽인들은 남미와 아프리카에 소나무를 적응시키는 데 실패했다. 소나무 씨가 발아하기는 했지만, 어린나무가 잘 자라지 않았다. 그런데 우연히 유럽에서 가져온 흙에 심으면 아무 문제 없이 잘 자란다는 사실을 발견했다. 소나무 숲에서 가져온 흙을 통해 유럽의 균류가 전 세계로 퍼져 나간 것이다.)

 판매자들은 가끔 뿌리 박테리아가 있든 없든 상관없이, 균근을 만들 수 있는 균류의 포자를 '최고의 균근'이라고 광고하기도 하지만, 균근은 균류와 뿌리가 연합한 구조라는 것을 잘 기억해야 한다. 프랑크가 그림을 그려 세상에 알렸던 균근은 외생균근ectomycorrhiza('ecto'는 그리스어로 '밖', '외부'를 의미한다)으로, 균류의 균사체가 뿌리를 둘러싼 망토나 꼬투리 형태를 이루고, 균사들이 뿌리 세포 사이 공간으로 들어가긴 하지만 절대로 벽까지 뚫지는 않는다는 특징이 있다. 따라서 영양소의 교환은 세포 사이 공간에서 이루어진다. 이는 소나무, 너도밤나무, 참나무, 떡갈나무, 자작나무, 밤나무 등과 같이 온대와 냉대 기후대에 서식하는 나무들에서 볼 수 있으며, 버섯이나 '땅의 고환'이라고 불리는 일종의 송로를 만드는 균류의 영향으로 이런 특징이 나타난다.
 이보다 더 넓게 퍼져 있고 더 오래된 것은 수지상체 균근

으로, 주로 내생균근endomycorrhiza('endo'는 '안', '내부'를 의미한다)이라고 부르는데, 균사가 세포 내부로 침투하여 가지를 치고 영양분과 정보의 교환을 맡는 수지상체라는 구조를 만든다. 식별 자체가 어렵긴 했지만(무엇보다도 현미경이 필요하기 때문에), 내생균근은 프랑크의 연구가 발표된 지 수년 후에 발견되었고, 1905년에는 프랑스 사람인 갈로Gallaud가 이를 멋지게 그림으로 그려냈다.

뿌리와 균류의 다양한 형태의 연합은 진화 과정에서 여러 차례에 걸쳐 독립적으로 나타났다. 오늘날에는 전 세계 식물의 90퍼센트 이상이 균근을 형성하는데, 약 80퍼센트는 내생균근이고 50퍼센트는 외생균근이다. (많은 식물에서 두 가지 유형이 모두 나타난다. 동일한 식물 종도 다른 균류와 연합할 수 있고, 동일한 균류 역시 다른 식물과 연합할 수 있다는 것은 두말할 필요도 없다.)

어떤 면에서는 일종의 물물교환이라고도 볼 수 있는 이 연합이 성공할 수 있었던 것은 긍정적인 결과가 있었기 때문이다. 말하자면 균류는 식물에 토양이 가진 자원(물, 질소, 칼륨, 아연, 인 등)을 공급하고, 반대로 식물은 공기로부터 얻은 당분을 균류에 제공한다. 최근에는 비축용 지방산도 제공한다는 것이 밝혀졌다. 균사는 실 모양의 성질, 넓은 토양 표면을 활용할 수 있는 능력, 가느다란 구조(잔뿌리보다 훨씬 더 가는 경우가 많다) 덕에 막대한 에너지를 들이지 않고서는 도달할 수 없는 자원에도 접근할 수 있다. 게다가 균류는 토양의 미네랄을 분해하고 영양분을 이동시킬 수 있는 능력이 있다. 일부 추정에 따르면 식물은 자신이 생산하는 당분의 30퍼센트까지 균근 균류에 돌려주고, 균근 균류는 자기와 짝이 된 식물에 필요한 질소와 인의 80~100퍼센트를 제공한다. 일반적으로 이런 교환은 정말 공정하게 이루어진다.

토비 키어스*는 실험을 통해 상이한 두 종의 균류와 관계를 맺고 있는 식물의 경우 자기에게 더 많은 인을 제공하는 균류와 더 많은 탄소(당분)를 공유한다는 사실과, 서로 다른 두 식물과 접촉하고 있는 균류는 자기에게 더 많은 탄소를 공급하는 식물에 더 많은 인을 제공한다는 사실을 확인했다. 이는 식물이나 균사체가 비록 뇌는 없지만, 각자가 처한 상황을 평가하여 협상하거나 이에 따라 결정할 수 있다는 것을 의미한다.

물물교환은 영양분에 국한되지 않으며, 한 걸음 더 나아

---

* 미국의 진화생물학자로 암스테르담 자유대학의 교수다. 2023년 스피노자상 수상자이기도 하며, 주로 식물과 균류의 상호작용과 협력에 대해 연구한다.

간다. 식물과 균류는 난관과 역경에도 함께 맞서며 서로를 지켜준다. 식물은 뿌리에 균류를 위한 비축물을 담은 소포(小胞)를 가지고 있고, 균류는 기생충이나 질병으로부터 식물을 보호하는 독소나 항생물질을 생산한다. 게다가 균류가 존재함으로써 식물의 면역 체계 역시 자극을 받는다. 이미 고인이 된 친구로 스페인 국립과학연구위원회에서 근무했던 호세 미겔 바레아의 그라나다 그룹의 일원이었던 마리아 호세 포소는 균근과 연합한 식물이 병원균에 의해 손상된 조직(뿌리에서 멀리 떨어진 조직도 포함)에서 보낸 경고 신호에 더 민감하게 반응한다는 사실을 증명했다. 이런 식물은 병원균의 공격에 먼저 더 강하게 반응할 수 있고, 많은 경우에 병원균을 물리치거나 그 영향을 최소화할 수 있다. 또한 균근 균류와 연합한 식물은 잎에 있는 기공(숨구멍)의 개폐를 더 잘 조절하여 수분 손실을 피하고 유전자 발현을 개선함으로써, 열매의 질을 높이고 씨앗의 수도 늘린다.

그러나 (특히 수지상체를 만드는) 많은 균근 균류는 생존을 위해서 반드시 식물이 필요하지만, 반대로 식물은 생존을 위해 반드시 수지상체를 필요로 하는 것은 아니다. 가뭄이 심할 때나 양분이 부족할 때는 많은 식물에게 균근은 필수적이고, 균근이 없으면 식물들이 죽을 수밖에 없지만, 토양이 비옥하고 물과 영양분이 충분할 때는 식물들이 쉽게 얻을 수 있는 것을 위해 당분을 포기할 가치를 느끼지 못한다. 설령 일이 꼬여 식물에게 큰 위험이 따르는 경우가 생기더라도 균근은 드물게 보인다. 바로 이런 일이 우리가 농사를 짓는 곳에서 흔하게 일어난다. 농사 현장에서 관개와 대규모 화학비료 사용으로 식물이 균근의 필요성을 느끼지 못하게 하고, 균근을 형성할 능력을 잃어버린 품종을 기르기까지 한다. 하지만 이로 인해 우리는 식물을 보호하기 위해 엄청난 양의 살충제를 사용해야 하고, 식물 역시 가뭄과 폭염이 닥치면 큰 피해를 입을 수밖에 없다.

균류는 그 자체로 풍부할뿐더러 번식력도 아주 강하다. 가끔은 균사가 어떤 식으로 뻗어 나가는지도 눈으로 볼 수 있고, 버섯을 채집하는 사람들도 숲에서 버섯이 솟아나 자라는 속도에 놀랄 정도다. 스페인과 비슷한 위도에서는 균근이 토양 생물 자원의 3분의 1에서 2분의 1을 차지하며 주요한 탄소 저장소 역할을 한다고 추정된다. 얼기설기 얽혀 있는 땅속 균사체는 식물 뿌리에서 결절을 맺으면서 일종의 네트워크를 형성한다. 그리고 식물, 균류, 박테리아의 세포는 바로 이곳에서 긴밀하게 접촉한다. 엽록소가 없어 광합성을 할 수 없는 식물들(예를 들어 지중해성 기후의 산에서 주로 자라는 키티누스속의 기생식물인 쿠파미엘레스와 같은)을 이미 알고 있던 식물학자들도 이들이 어떻게 탄소를 얻는지는 설명할 수 없었다. 이들 중 일부는 기생식물로 다른 식물로부터 탄소를 훔쳤지만, 여타 식물은 언뜻 보기에 이웃에서 자라는 식물들과 단절된 것 같았다. 도대체 어떤 방법을 사용하는 걸까?

1960년 스웨덴의 한 식물학자가 방사성 당을 나무에 주입하고 이를 추적한 결과, 주변의 엽록소가 없는 모노트로파속 식물에서 방사능이 검출되었다. 그는 이런 방법으로 균류 채널을 통해 영양분이 전달되는 것을 입증했다. 훗날 균근 전문가인 데이비드 리드는 광합성이 가능한 식물들 사이에서도 똑같은 방법으로 생산물이 전달된다는 사실을 발견했다. 균근이 존재하는 토양에서는 한 식물에 주입된 방사능이 근처에서 자라는 식물로 옮겨갔다. 그런데 균근이 없는 경우에는 주입된 나무에만 방사능이 그대로 남아 있었다. 그때까지만 해도 자연에서 이런 일이 일어나는지 확인되지 않았는데, 브리티시 컬럼비아 대학교의 수잰 시마드가 이를 증명했다. 수잰은 자작나무와 전나무가 균근을 공유할뿐더러 같은 네트워크의 일부지만, 삼나무는 그렇지 않다는 사실을 알고 있었다. 그녀는 자작나무 묘목을 이산화탄소에 강하게 노출한 다음 2년 후 수치를 측정했는데, 전나무에서는 방사성 탄소가 검출되었지만, 삼나무에서는 검출되지 않았다. 그녀는 이외에도 많은 것을 발견했다. 적은 양의 빛에 노출된 전나무는 적은 양의 당을 생성하는 데 그쳤지만, 햇빛에 많이 노출된 나무들보다 더 많은 탄소를 얻었다. 이는 필요 이상으로 탄소를 많이 받고 있음을 시사한다. 1997년 데이비드 리드는 자신이 직접 편집한 논문을 『네이처』에 게재했는데, 여기서 그는 '위대한 숲의 네트워크'('나무의 네트워크'로 번역되기도 한다)라는 의미로 '우드 와이드 웹The Wood Wide Web'이라는 단어를 처음 사용했다.

우리가 사용하는 글로벌 네트워크인 월드 와이드 웹(종종 이를 가능하게 해주는 네트워크들의 네트워크인 인터넷과 혼동되기도 한다)과 숲의 네트워크의 미묘한 차이에 대해서는 거론하지 않겠다. 분명한 것은 토양 아래에서 균근이 엮어낸 잘 짜인 그물이 박테리아, 균류, 다양한 종의 식물 혹은 동일한 종의 식물을 서로서로 연결하고 있으며, 이 네트워크를 통해 다양한 물질, 화학 및 전기 정보(식물도 다른 식물에게 진딧물의 공격을 경고할 수 있다) 등이 교환된다는 사실이다. 그리고 영양분은 종종 많은 곳에서 적은 곳으로 흘러간다.

이런 사실은 나무들의 동지애와 연대 의식을 다루는 많은 문학 작품의 소재가 되었다. 이 작품들은 누구나 원하는 행복한 세상, 말하자면 식물과 균류, 박테리아가 서로 형제가 되어 대화하고 자원을 공유함으로써 누구에게도 부족함이 없는 세상을 그린다. (마리오 베네데티*의 시 「나무가 나무에게」를 처음 읽었을 때 느꼈던 벅찬 감동이 떠오른다. 그는 그 어떤 현자들보다 먼저 이런 생각을 했다. "베스트팔렌의 떡갈나무는 / 티롤의 삐쩍 마른 낙엽송에게 / 테레빈유를 잘 관리해야 한다는 경고를 보낼까?")

현실은 충분히 매혹적이지만, 평범하고 소박하기도 하다. 분명한 사실은 어떤 곳에서는 균근 네트워크를 통해 많은 자원이 서로 공유되고 있어, 어디서 한 그루의 나무가 시작하고 끝나는지 말하기 어려울 정도라는 것이다. 즉 식물 공동체는 전체가 하나로 연결된 생명체처럼 작동한다. 그리고 무의식적이긴 하지만, 분명히 공생을 뛰어넘어 협력하는 사례가 무수히 많은 것도 사실이다. 비록 이 책에서 다루진 않지만, 근권세균은 중요성만 생각한다면 독립적인 한 장으로 다룰 만한 가치가 충분하다. 근권세균만이 공기 중에 엄

---

*   20세기 우루과이를 대표하는 소설가이자 시인이다. 시와 소설, 수필, 희곡, 비평 등 거의 모든 문학 장르를 넘나들며 80여 권의 책을 출간했다.

청나게 많은, 생물학적으로 비활성 상태인 질소를 질소화합물인 암모늄으로 전환할 수 있으며, 이 암모늄은 생명체의 대사 작용에 통합될 수 있다.

20세기 중반에 엄청난 비용의 에너지를 투입해 공장에서 비료를 합성하기 전까지는 인간을 포함한 생명체의 단백질과 핵산을 구성하는 질소 대부분이 근권세균(그리고 바다의 남세균)에 의해 고정되었다. 이 박테리아들은 주로 콩과 식물인 몇몇 식물의 뿌리에서 공생 결절을 형성한다. 최소한 이런 근권세균을 가진 식물 중 일부는 균류 네트워크를 통해 식물과 함께 유기질소를 축적하여, 질소가 부족한 식물들과 이를 공유한다는 사실이 밝혀졌다. 또한 죽어가는 나무들은 자원이 절실하게 필요한 어린나무에게 자원을 전해준다는 사실도 알게 되었다.

하지만 나무의 관점에서 보더라도(우리도 일상적으로 이런 관점에서 본다. 사실 박테리아나 균류보다는 나무의 입장이 되는 것이 더 쉽긴 하다) 연대 의식이 항상 겉으로 드러나는 것은 아니다. 우리의 정보 통신 네트워크와 마찬가지로, 숲의 네트워크에도 갖가지 것들이 있다. 예를 들어 오늘 자원을 빌려주고 내일 회수하는 대출업자도 있고, 아무 대가 없이 다른 식물로부터 받기만 하는, 즉 사기만 치는 해적이나 해커도 있다. (앞에서 이야기했던 엽록소 없는 식물이 여기에 속한다. 모든 난초 종은 생애 어느 단계에서는 반드시 이런 행동을 한다.) 박테리아는 균류가 만든 통로로 순환하는데, 이는 식물에 도움을 주기도 하지만 피해를 주기도 한다. 일부 식물 종은 독성 물질의 순환을 이용하여 경쟁자들을 제거하기도 한다. 요약하자면 균사체 네트워크 안에서 모두가 관대한 형제애를 발휘하는 것은 아니다.

2019년에 레이다 대학교의 세르히오 데 미겔이 참여했던 '세계 산림 생물다양성 이니셔티브$_{GFBI}$'는 70개국 이상의 2만 8천 그루의 나무를 연구한 끝에 최초의 세계 균근 지도를 만들었다. 기후의 중요성에 대한 그동안의 추측이 다시 한번 확인되었다. (내생균근은 저위도의 덥고 습한 지역에 더 많았고, 외생균근은 고위도의 춥고 건조한 지역에 더 많았다.) 지구온난화로 인해 식물과 외생균근의 공생 관계가 축소되어 탄소 저장량이 감소함으로써 다시 기후에 피해를 줄 위험이 있다는 경고가 제기되었다.

결론을 내려보자면, 각각의 식물 아래에, 각각의 나무 아래에 이들을 지탱해주는 균류가 있다. 우리가 이런 균류에게 모든 것을 빚지고 있다는 사실을 무시하긴 어렵다.『작은 것들이 만든 거대한 세계』를 쓴 젊은 작가 멀린 셸드레이크는 파나마 열대림의 커다란 나무 아래에서 이렇게 느꼈다. "그곳에는 내가 살펴보고 싶었던 섬세한 구조가 있었다. 이런 뿌리에서 시작한 균류의 네트워크가 토양과 주변 나무의 뿌리를 얽어놓았다. 균류가 만들어낸 이런 그물망이 없었다면 나무도 존재할 수 없었을 것이다. 나를 포함한 이 지상의 모든 생명체는 이와 같은 시스템에 의지하고 있다." 균류에게 감사해야 할 이유는 차고 넘친다.

들판을 청소해
질병으로부터 구해주는

콘도르
덕분에

나는 어렸을 적부터 콘도르가 하늘 높이 날아올라 부르고스의 에브로강과 루드론강의 깎아지른 듯한 절벽 위에서 날개를 활짝 편 채 선회하던 모습을 넋을 잃고 바라보곤 했다. 멀리서 보고 있으면 정말 매력적이었던 콘도르는 진정한 의미에서 자유로운 존재라는 느낌을 강하게 전해주었다. 게다가 접근하기가 어렵고 너무나 인상적이어서 더 절실하게 다가가고 싶었다. 너무나 가볍게 나는 모습은 마치 하늘의 주인처럼 보였다. (사실 콘도르보다 더 높이 나는 새는 없다. 1973년 콘도르의 일종인 루펠그리폰 독수리는 서아프리카 1만 1천 미터 상공을 날던 비행기와 충돌한 적이 있다.) 오늘날 많은 사람이 여행 중에 콘도르를 발견하면 큰 감동을 받는다. 콘도르가 절벽에 앉아 있으면 쌍안경으로 살펴보고, 세비야 남부에 있는 사프라마곤 암벽 같은 콘도르 서식지를 주된 목적지로 삼아 여행을 계획하기도 한다. 솔직히 콘도르는 평판이 나쁘지는 않다.

그렇다고 평판이 좋다고도 할 수 없는데, 썩은 고기를 주로 먹는 콘도르의 습성이 반감을 부추기기 때문이다. (젊은 시절, 대학 기숙사에서 지낼 때 우리는 형편없는 식사에 항의하면서 이렇게 이야기하곤 했다. "콘도르나 먹을 썩은 고기는 절대로 먹지 않을 거야!") 게다가 털이 빠진 머리와 목, 눈에 띄게 더러운 둥지, 심지어 가까이 다가가기만 해도 맡을 수 있는 역한 냄새 등이 콘도르의 이미지를 부정적으로 만들었다. 많은 사람이 왠지 모르게 콘도르를 혐오스럽게 느끼는 것이다. 아마 그래서 영어로 콘도르에 해당하는 '벌처vulture'라는 호칭이 사회적으로 경멸적인 의미를 담고 있는지도 모른다. 이는 '벌처 펀드', '벌처 마켓', '벌처 사업' 같은 말에서 잘 나타난다. 19세기 초 프랑스인 페르디낭 드니는 속담과 금언으로 가득한 자신의 작품 『브라만의 여행 또는 전 세계 민중의 지혜』에서 영국 선박이 노예선을 나포한 일을 이렇게 표현하고 있다. "독수리가 구역질 나는 콘도르를 덮치듯 프리깃함이 노예선을 덮쳤다." 또한 비글호 갑판에서 아메리카 붉은머리독수리를 발견한 젊은 다윈은 "썩어가는 곳에 머리를 처박기 위해 대머리가 된 역겨운 새"라고 썼다. 이 정도면 충분한 예가 되었을 거라고 생각한다.

그렇다면 우리를 위해 하늘을 멋지게 꾸며준다는 것 외에, 우리가 콘도르에게 감사할 이유가 도대체 뭘까? 우리는 보통 잘 깨닫지 못하지만, 콘도르는 들판에서 신속하게 사체를 치워줌으로써 의료와 경제 차원에서 우리 모두에게 직간접적으로 아주 중요한 서비스를 제공하고 있다.

인간이 썩은 고기를 혐오하는 데는 다양한 이유가 있다. 인간이 하나의 종으로 진화하는 과정에서 상한 고기의 냄새와 맛에 거부감을 느껴 고개를 돌렸던 사람들은 살아남아 후손을 남겼지만, 망설이지 않고 썩은 고기를 먹었던 사람들은 자손을 남기지 못하고 죽거나, 아주 소수만 자손을 남길 수 있었을 것이다. 그들이 죽을 수밖에 없었던 이유는 썩은 고기에는 탄저병(2001년 미국에서 테러리스트들이 우편을 이용해 탄저균을 보낸 사건이 있었다)이나 콜레라를 일으키는 독소와 유해 미생물이 축적되어 있었기 때문이다. 결핵이나 브루셀라병과 같이 인간도 감염될 수 있는 전염병이 돌면 대형 동물들도 대거 죽을 수 있다. 이런 상황에서는 무엇이든 혹은 누구든 빠르게 사체를 치워주는 것이, 그리고 빠르게 균을 제거해주는 것이 매우 중요하다. 그런데 바로 이 일을 콘도르가 그 무엇보다 잘한다고 할 수 있다.

가젤, 누, 얼룩말, 영양이 가득한 세렝게티 평원을 생각해보라. 우리 대부분이 적어도 다큐멘터리를 통해 이 평원을 알고 있으며, 거의 모두가 사자, 표범, 하이에나, 들개, 여타 고기를 먹고 사는 맹수들이 고기를 가장 많이 소비할 거라고 이야기할 것이다. 그러나 연구에 따르면 매년 세렝게티에서 생산되는 전체 4천만 톤의 죽은 동물의 사체, 즉 고기 중에서 대형 포식자(경우에 따라서는 썩은 고기를 청소해주는 동물)가 처리하는 것은 40퍼센트에 불과하고, 나머지는 썩은 고기를 청소해주는 새, 박테리아, 곤충의 유충 등이 처리한다고 한다. 많은 개체가 모여 다니는 콘도르는 아주 짧은 기록적인 시간 안에 이를 처리할 수 있지만(4천 킬로그램이나 되는 코끼리 사체도 며칠 걸리지 않는다), 박테리아와 유충은 훨씬 더 많은 시간이 걸려 이 경우에는 병원균이 퍼지기 쉽다. 콘도르는 영양물의 분해와 재활용이라는 불가피하고 필수적인 과정의 속도를 높이는 역할을 한다.

이 청소 동물은 사체 발견에 아주 능숙해서 전염병 확산을 줄이는 데 도움이 될 뿐만 아니라, 전염병이 언제 어디서 잘 발생하는지 추적하여 이를 통제하는 데 중요한 정보를 제공한다. 내셔널 지오그래픽 협회의 지원을 받는 연구원인 코린 켄들은 탄자니아의 아프리카 흰등독수리 여러 마리에게 무선 송신기를 달았다. 그는 이들에게서 오는 신호가 특정 장소에 일정 시간 머물러 있으면, 사체를 발견한 것이라고 해석했다. 그리고 이를 통해 야생 발굽 동물 사이에서 발생한 탄저병이 어디서 시작하여 어떤 식으로 번졌고, 언제 어디서 끝났는지 알아낼 수 있었다. 또한 콘도르를 이용한 사체 추적을 통해 찾은 기린이 질병에 걸렸는지 여부를 파악함으로써 루아하 국립공원의 기린에게 발생한 피부병이 어떤 영향을 미치는지 연구할 수 있었다. (아프리카에서는 덩치 큰 사체의 위치를 쉽게 찾아내는 콘도르의 능력 때문에 역으로 콘도르가 엄청난 피해를 입는다는 사실도 지적해야 한다. 예를 들어 밀렵꾼들은 불법적으로 상아를 얻기 위해 코끼리를 사냥한 장소가 콘도르 때문에 드러나는 것을 막기 위해 흔히들 독을 써서 콘도르를 죽인다.)

전문용어로 콘도르는 '사체 전문 청소 동물'로 여겨지는데, 이는 동물의 사체만 먹고 살아간다는 의미다. (잔인하게 가축을 공격했다는 신문 기사는 대부분 '가짜 뉴스'다.) 그러나 척추동물 사체는 에너지가 매우 풍부한 자원이기 때문에, 다른 것

을 먹고 살아가는 동물도 이 사체를 발견했을 때 경쟁자가 없으면 종종 이를 소비하기도 한다. 말하자면 이런 선택적 청소 동물 종은 청소 동물이 될 수도 있고 아닐 수도 있는데, 독수리, 솔개, 여우, 늑대, 까치, 까마귀, 곰, 멧돼지 등이 여기에 포함된다. 만약 사체가 많은데 콘도르가 적으면, 선택적 청소 동물의 개체 수가 증가할 가능성이 있다. 그리고 최소한 이론상으로는 병원균과 질병도 증가할 것이라고 예측할 수 있다. 인도에서 콘도르의 대량 폐사 사건 이후 그런 일이 일어났으며, 이는 인간에게 아주 불행한 결과를 가져왔다.

먹거리가 풍부했고(때로는 인간이 먹지 않는 신성한 소도 포함) 언제나 주민들이 존중해준 덕분에 소위 인도 아대륙에는 콘도르가 매우 많았다. 가장 개체 수가 많았던 종은 스페인의 흰목대머리수리와 비슷한 벵골 흰등독수리였다. 그리고 긴부리독수리, 가는부리대머리수리 역시 개체 수가 적지 않았고, 산에는 히말라야독수리도 많았다. 1980년대에 라자스탄주의 케올라데오 국립공원에는 흰등독수리의 둥지가 1제곱킬로미터당 12개까지 있었고, 델리에는 1제곱킬로미터당 3개 정도가 발견되었다. 당시만 해도 이 종이 세계에서 가장 개체 수가 많은 대형 맹금류로 간주되었다.

그런데 갑자기 케올라데오 국립공원의 콘도르들이 죽어 나가기 시작했다. 병에 걸려 몇 시간이나 며칠씩 둥지에서

목을 축 늘어뜨린 채 꼼짝도 하지 않다가 죽는 모습이 곧잘 눈에 띄었다. 이 공원의 흰등독수리와 긴부리독수리 번식 개체 수는 1985년 250~350쌍에서 2000년 0쌍으로 급감했다. 불과 몇 년 만에 이 문제는 인도 전역과 주변 국가로 확산되었고, 최소한 세 종에 영향을 주었다. 무슨 일이 일어나고 있는지 아무도 설명하지 못했다. 환경보호주의자들은 사체에 독극물, 농업용 살충제, 중금속 등이 남아 있는지 조사했지만, 떼죽음을 일으킬 만큼 충분한 양이 검출되지는 않았다. 부검 결과, 검체 대부분에서 내장 통풍이 발견되었다. 내장에 결정화된 요산이 있었던 것이다. 그러나 수의사들은 신부전으로 인한 이 통풍은 원래 가지고 있던 질병의 결과일 뿐이지, 그 자체가 근본적인 문제는 아니라고 생각했다. 알려지지 않은 치명적인 바이러스에 대한 추측성 이야기가 돌기 시작했고, 전 세계 모든 콘도르(최소한 구대륙 독수리Gyps속에 속한 콘도르)의 미래에 대한 두려움이 커져만 갔다.

그사이 미국의 여러 대학과 파키스탄 조류학회 소속 과학자들은 이 사안에 대해 느리지만 꼼꼼히 조사를 진행해 나갔다. 당연한 이야기지만, 과학자들은 가능성을 분석하여 한 번 잘못된 것(그들에 따르면 '증거에 맞지 않는 것')으로 판명되면 과감히 폐기해 나갔다. 어떤 면에서는 영화 속 악당을 찾아내는 탐정 역할을 했다. 2000년에서 2002년 사이, 파키스탄 흰등독수리 259마리의 사체가 수거되었고, 그중 85퍼센트의 내장에서 요산 결정이 발견되었다. 과학자들은 죽은 지 얼마 안 되어 좋은 분석 결과가 나올 가능성이 큰 표본을 골라, 내장 통풍이 있는 열네 마리와 없는 열네 마리에 집중했다. 후자는 대부분 뚜렷한 원인(외상이나 중독 등)으로 죽은 반면, 전자는 대체로 건강 상태가 좋았고 신장 세뇨관이 심각하게 괴사한 것 외에는 별다른 손상이 없었다. 이 사체들에 (감염의 지표가 되는) 염증과 (만성적인 변화를 일으킬 수 있는) 섬유증이 없는 것을 보고 수의사들은 문제가 아주 최근에 발생했고 단시간에 사망에 이르렀다는 결론을 내렸다. 중독된 것 같았지만, 다른 원인도 배제하진 않았다.

그들은 조직을 분석하여 조류와 포유류의 신장 기능에 영향을 미치는 것으로 알려진 여러 가지 요인과 연결해보려고 노력했다. 이를 통해 카드뮴, 수은, 비소, 유기염소계 및 유기인계 살충제, 폴리염화바이페닐PCB 등에 의한 중독 가능성은 배제할 수 있었다. 조류독감, 기관지염, 나일 열병, 기타 식별 가능한 바이러스에 의한 감염도 발견되지 않았다. 다른 경로를 찾아야 했다. 혹시 콘도르가 음식과 함께 예전에는 존재하지 않았던 독소를 섭취했을지도 모른다는 생각을 하기에 이르렀고, 결국 이 생각이 맞았다.

콘도르의 주 식량 공급원이 가축이었기에 그들은 전문

가들과 가축병원을 찾아가 조사했다. 소, 물소, 기타 가축들에게 가장 많이 처방되는 화학 제품은 무엇이었을까? 목록을 얻은 과학자들은 자문에 자문을 거듭했다. 이런 약 중에서 어떤 것이 입을 통해 흡수되었을 때 신장에 영향을 미칠 수 있을까? 그들은 하나의 후보 물질을 찾아냈는데, 인간에게도 사용되는 것으로, 동물에게 사용된 지는 얼마 되지 않은 비스테로이드성 진통제이자 항염제 디클로페낙 나트륨이었다. 이 약품은 효과가 매우 빨라 대부분의 소와 물소의 병세가 금세 호전되어 아주 인기가 좋았다. 그러나 병이 낫지 않고 죽은 동물들의 사체에는 디클로페낙이 남아 있었다.

빙고! 크로마토그래피와 질량분석법을 이용한 정밀 분석을 통해 통풍으로 죽은 콘도르의 신장에서는 디클로페낙의 흔적이 100퍼센트 검출되었지만, 통풍이 없었던 콘도르에서는 디클로페낙이 검출되지 않았다. 여기서 멈추지 않았다. 과학자들은 회복이 불가능한 상태에서 잡힌 콘도르들에게 경구로 디클로페낙을 투여했다. 여섯 마리 중 두 마리에겐 높은 함량을, 다른 두 마리에겐 10분의 1 정도를, 그리고 마지막 두 마리에겐 디클로페낙이 들어 있지 않은 식단을 제공했다. 첫 번째 두 마리와 두 번째 한 마리는 통풍이 진행되어 디클로페낙을 먹은 지 36~58시간 안에 죽었고, 두 번째 그룹에 속한 나머지 한 마리는 심하게 앓긴 했지만 살아남았다. 그리고 마지막 그룹에 속한 두 마리에겐 아무 일도 일어나지 않았다. 의심의 여지가 없었다. 그동안 찾던 살인범은 디클로페낙이었다. 해당 연구 결과는 2004년 『네이처』에 게재되었다. 수학적인 모델을 통해 분석한 결과, 다양한 동물의 사체를 먹기 위해 콘도르들이 떼를 지어 모여드는 습관을 고려했을 때, 사체에 소량의 디클로페낙만 포함되어 있어도 충분히 사망률을 높일 수 있다는 사실이 밝혀졌다.

연구가 진행되는 동안에도 콘도르들은 계속해서 죽어갔다. 인도에서 실시한 조사에 따르면 1992년에서 2007년 사이에 흰등독수리는 전체의 99.9퍼센트가 감소했고(천 마리 중 겨우 한 마리만 살아남았다!) 긴부리독수리와 가는부리대머리수리는 96.8퍼센트가 감소했다. 국제자연보전연맹은 이 세 종을 '심각한 멸종 위기종'으로 지정했다. 2006년 파키스탄과 네팔에서는 동물에게 디클로페낙 사용이 금지되었지만, 최근의 연구는 여전히 사용되고 있다는 것을 여실히 보여주고 있다. 2018년 인도에서는 용도와 관계없이(예컨대 인간에게 사용한다고 해도) 주사용 디클로페낙 생산이 중단되었다.

논리적으로 생각했을 때, 우리가 계속해서 이야기해온

것처럼 콘도르의 역할이 생태와 인간의 건강에 엄청나게 중요하다면, 콘도르의 개체 수가 급감했을 땐 이에 따른 결과가 나타나야 한다. 일부 저자들은 인도의 콘도르 감소와 탄저병 발생 건수의 뚜렷한 증가를 연결했지만, 세계보건기구 WHO 소속 전문가들은 가능성만 인정할 뿐 그런 추정이 충분히 입증되진 않았다고 본다. 우물물의 오염이 늘었고, 엄청나게 증가한 파리들이 사체에서 음식물로 세균을 더 쉽게 옮기는 바람에 음식물의 오염도 증가했다고 주장하는 사람도 있다. 그러나 이를 확인할 만한 결정적인 데이터는 아직 발견되지 않았다.

그러나 들개의 개체 수가 늘고 있으며 이들의 역할 또한 중요해지고 있다는 데는 의견이 일치한다. 예상했던 대로 전문적인 청소 동물이 없어지면서 특히 쥐나 개와 같은 선택적 청소 동물의 개체 수가 폭발적으로 증가했다. 라자스탄 서부의 쓰레기 매립지에서는 1992년에 60여 마리에 불과하던 야생화된 개들이 2000년에 무려 1,200마리로 늘어났다. 주인도 없고 수의사의 돌봄도 받지 못하는 이런 개들이 엄청나게 증가하면서(인도에서만 1,800만 마리 이상으로 추정된다) 브루셀라병과 개홍역, 그리고 가장 큰 근심거리인 광견병 등의 발생 건수가 가파르게 증가하고 있다.

인도는 백신 접종이 늘었음에도 세계에서 광견병 감염

률이 가장 높은데, 대부분이 야생화된 개들에게 물려서 발생했다. 아닐 마르칸디아가 이끄는 연구팀은 공식적인 데이터를 바탕으로 1992년에서 2006년 사이에 개에게 물리는 사고가 4천만 건이나 발생했다고 추정했는데, 이는 이전 연도와 비교했을 때 예상치를 훨씬 웃도는 수치다. 게다가 농촌 지역의 빈곤층을 중심으로 광견병으로 사망한 사람이 5만 명을 웃돌 거라고 추정된다. 만약 콘도르가 있었다면 최소한 이들 중 일부는 이런 억울한 죽음에서 벗어날 수 있었을 것이다. 수많은 가정과 간접적인 접근에 기초하고 있기에 조심스럽긴 하지만, 전문가들은 콘도르 감소에 따른 개의 개체 수 증가로 인해 발생한 인간 건강과 관련된 비용이 1993년에서 2006년 사이에만 340억 달러에 달한다고 추정했다. (반복해서 이야기하지만, 이 추정치는 비판의 여지가 많고 방향을 잡는 지침으로 삼아야 한다. 그러나 실제 값이 10분의 1에 불과하더라도 상당한 의미가 있을 수밖에 없다.)

    마르칸디아와 동료들은, 우리가 인도의 콘도르들에게 고마워해야 하는 점, 다시 말해 콘도르가 경제적으로도 인간에게 기여한 바를 인정했다. 예를 들어 죽은 지 얼마 되지 않은 소의 가죽을 이용해 살아가는 가난한 사람들 덕분에 날개 달린 청소 동물들은 고기에 쉽게 접근할 수 있었다. 그러면 다른 사람들이 나타나 콘도르들이 일을 다 마칠 때를 기다렸다가 깨끗해진 뼈만 골라 비료와 접착제 공장에 팔았다. 요즘 죽은 소의 사체는 가죽을 벗기기도 전에 (당연히 비용을 들여) 화장하는 것이 일반적인데, 화장하지 않은 상태에서 뼈를 제거하려면 많은 시간이 걸리고 대부분 오염되어 있는 데다가 청결 상태도 좋지 않아 가치가 거의 없다. 전문가들은 또 콘도르가 관광객들에게 선보이는 경관의 가치와 매력을 높게 평가했다. 물론 반대로 콘도르가 사라지면 항공 사고가 줄어들 수 있다는 점도 감안해야 한다.

갑작스레 콘도르들이 사라지면서 나타난 결과 중, 우리 관점에서 가장 예상치 못했던 것은 조르아스터교를 믿는 소수민족인 파시족에게 문화적인 비극뿐만 아니라 경제적인 비극까지 안겨주었다는 점이다. 7세기 이슬람교도들을 피해 조국을 떠났던 페르시아인들의 후손인 이들은 파키스탄과 인도, 주로 뭄바이에 함께 살고 있다. (파시족 출신의 유명 인사로는 퀸의 솔리스트였던 프레디 머큐리와 오케스트라 지휘자였던 주빈 메타 등을 들 수 있다.) 조로아스터(혹은 자라투스트라)의 열렬한 추종자인 파시족은 시체가 땅을 오염시키기 때문에 시체를 땅에 묻어선 안 된다고 생각한다. 그뿐만이 아니다. 시체가 불과 공기를 오염시키기 때문에 화장해서도 안 되고, 물을 오염시키기 때문에 강에 버려서도 안 된다. (이들에게 땅, 불, 공기, 물은 신성한 것이다.) 이러한 이유에서 아주 오래전부터 파시족은 자신들의 뿌리인 이란인들과 마찬가지로 폐쇄적인 장지葬地인 '침묵의 탑'을 세웠으며, 이곳에 시신을 안치해 날개 달린 청소 동물, 특히 콘도르들이 이를 먹게 했다. 그런데 콘도르들이 없어지자 예전에는 30분 정도면 다 사라졌던 신자들의 시신이 오랫동안 사라지지 않고 천천히 부패했다. 까마귀와 솔개는 몸집이 너무 작아 시신들을 다 먹어치울 수 없었던 것이다.

파시족은 디클로페낙이 금지되자 콘도르를 사육하거나 다시 입식入殖하는 프로젝트에 기금을 지원하기에 이르렀다. 그러나 그사이에 전기 화장 이용의 정당성을 놓고 종교적 관점에서 논란이 일었을 뿐만 아니라, 일부 탑에선 열을 모아 사흘 안에 시신을 소각할 수 있게끔 강력한 태양열 패널을 설치하기도 했다. 일부 젊은 신자들은 시신을 내다 버리는 악습은 이제 역사 속으로 흘려보내야 한다고 주장하지만, 원리주의자들은 이런 상황이 신앙생활의 종말로 이어질 수 있다고 믿는다. 분명한 것은 파시족 입장에서는 콘도르들이 인간에게 정량화된 서비스 이상을 제공한다는 것이다. 즉 콘도르들이 인간의 행복에 기여하는 방식은 매우 복잡하다.

콘도르들이 (인간을 포함해) 수많은 척추동물을 죽일 수 있는 박테리아와 독소들을 어떻게 견딜 수 있는지 질문을 던져보는 것도 의미가 있어 보인다. 콘도르의 경우에 이런 병원균의 종착점은 소화기관인 셈이다. 가장 평범한 대답은 자연선택에 기초한다. 전문화된 청소 동물은 먹을 기회가 적을 뿐만 아니라 먹는 간격도 상당히 길다. 그래서 음식을 발견했을 때 집중적으로 먹는다. (다른 말로 하면 썩은 사체가 그리 많진 않지만, 하나하나가 충분한 먹거리를 제공한다.) 이런 상황에서는 절대로 뒤로 물러나선 안 된다. 고기 상태가 어떻든 먹을 기회만 있으면 언제든 적극적으로 이용해야 한다. 이런 이유로 수천 년에 걸쳐 병원균이 활동하지 못하게 막을 수 있는 개체가 출현하게 되었다. 예를 들어, 콘도르는 보기엔 흉할지 모르지만 머리와 목에 털이 없어서 미생물이 몸에 달라붙기 어려울 뿐만 아니라 청결을 유지하기도 쉽다. 게다가 콘도르의 소화액은 pH 1~2에 달하는(0에서 14까지로 나눴을 때, 0이 가장 강한 산성이고 14가 가장 약한 산성이다. 사람의 위는 pH 3.5~4 정도다) 아주 강한 산성이라는 사실이 오래전부터 알려졌다. 이런 강한 산성을 띤 소화액은 이들이 먹은 모든 음식을 파괴할 수 있는 것이다.

좀 더 정확하게 이야기하자면, 전부 파괴하는 것은 아니다. 덴마크 오르후스 대학교와 코펜하겐 대학교의 연구진은 몇 년째 아메리카 콘도르, 특히 다윈에게 안 좋은 인상을 남겼던 붉은머리독수리의 마이크로바이옴을 연구해왔다. 우리는 특정 환경, 여기서는 콘도르의 몸을 점유하고 있는 미생물군을 마이크로바이옴이라고 부른다(「미생물 덕분에」를 보라). 연구진이 발견한 첫 번째 사실은 호모사피엔스를 비롯한 다른 척추동물들과 달리 붉은머리독수리는 내장기관보다 목이나 얼굴에 훨씬 더 다양한 미생물이 있다는 것이다. 이들은 사체를 파먹을 때 껍질을 벗기지 않고 쉽게 고기에 접근할 수 있다는 점에서 종종 항문에서부터 먹기 시작하는데, 이곳은 일반적으로 매우 다양한 형태의 유해 박테리아로 가득 차 있다. 그러나 소화기관을 거치는 동안 두 그룹의 박테리아, 즉 푸소박테리아와 (보툴리누스 중독을 유발하는) 클로스트리듐속의 박테리아를 제외하고는 전부 제거된다. 이 두 그룹의 박테리아는 대부분의 동물에게 치명적이지만, 붉은머리독수리에게는 장내 마이크로바이옴의 핵심이다. 이뿐만이 아니다. 이 독성 박테리아들은 여타 경쟁 상대가 되는 박테리아를 제거하는 것 외에도, 자신을 보호할 수 있는 바이오필름을 형성하여 숙주가 먹은 고기를 소화하는 데 도움을 준다.

하지만 콘도르는 어떻게 이런 독소와 박테리아를 이기

고 살아남을 수 있었을까? 게다가 피부에 병원성 미생물이 그렇게 많은데, 썩은 고기를 놓고 다투는 과정에서 자주 상처가 나도 어떻게 감염되지 않았을까? 답은 선천적 혹은 후천적으로 강력한 면역 체계를 갖췄다는 데 있다. 최근 몇 년 동안 신대륙과 구대륙의 콘도르(두 종의 콘도르는 진화 과정에서 거리가 멀어진 서로 다른 과에 속하지만, 유사한 습관과 적응력을 가지고 있다)가 감염과 독소에 대해 유전적으로 혹은 (외부 자극으로) 유도된 저항 능력을 보유하고 있다는 사실과 관련된 연구가 크게 진전되었다.

앞에서 언급한 덴마크 연구진은 멕시코를 비롯해 여러 나라의 동료들과 협력하여 터키콘도르와 검은대머리수리가 머리와 소화기관에서 박테리아를 이용하여 다른 박테리아로부터 자신을 방어한다는 사실을 발견했을 뿐만 아니라, 얼굴의 맨살에서 기생충과 벌레를 죽이는 활동을 담당하는 유전자를 찾아냈다. 그리고 한국 연구진은 검은콘도르의 게놈을 시퀀싱하여 강력한 면역 반응 및 강산성의 위 분비물을 생산하는 능력과 관련된 유전자를 찾아냈다. 이는 아메리카 콘도르의 이러한 특성이 어느 정도 수렴 진화했음을 시사한다. 같은 맥락에서 시우다드레알에 위치한 수렵자원 연구소IREC의 젊은 연구원인 로우르데스 마테오스는 몇 년 전 제출한 석사학위 논문에서, 흰목대머리수리의 백혈구에 발현된 유전자를 조사하여 병원균이나 독소를 막아내는 것과 관련된 핵심 분자를 식별해냈다고 밝혔다.

 죽은 동물의 내장을 치워줄 콘도르가 없을 때는 어떻게 해야 할까? 콘도르가 수행하는 청소 작업은 자연이 우리에게 제공하는 다른 작업과 달리 인간의 노력으로 대체할 수 있는 것은 분명하다. 다시 말해 죽은 동물의 사체를 수거하여 처리 시설로 운반하여 소각하는 것은 가능하다. 하지만 비용이 얼마나 들까? 스페인의 연구자들, 특히 엘체 소재 미겔 에르난데스 대학교의 토니 산체스 사파타 연구팀과 호세 안토니오 도나사르가 이끄는 도냐나 연구소의 친구들은 이 문제를 깊이 있게 연구했다. 2012년 안토니 마르갈리다는 스페인 콘도르들이 매년 들판에 널브러진 사체 5,500~8,500톤을 치운다고 추산했는데, 나중에는 이 수치가 1만 톤으로 늘어났다. 이 정도의 물질을 (여타 다른 방법으로) 수거해 치우는 데는 100만~200만 유로가 든다고 추산되는데, 이는 아마 과소평가된 수치일 가능성이 크다. (반면에 콘도르들이 인간에게 기여하는 바가 매년 한 마리당 1만 유로에 달한다는 스페인 조류학회의 발표 수치는 조금 과장되었을 가능성이 있다.)

그렇지만 이를 꼭 금전적인 문제로만 다루어서는 안 된다. 20세기 말에 인간에게 전염될 수 있는 광우병(소해면상뇌증)이 발생하면서 유럽 보건 당국은 2002년부터 동물의 사체를 들판에 버리는 것을 금했다. 모든 사체는 수거하고 운반해서 폐기해야 했다. 그런데 이런 조치는 유럽이 채택한 환경 보전 정책, 특히 사체를 청소하는 새들과 관련된 정책과는 모순된 것이었다. 이후 평소의 음식 대부분(가축 농장에서 죽은 동물들)을 빼앗긴 콘도르들은 번식에 실패하기 시작했고, 어린 새끼들이 죽는 빈도가 높아졌다. 다행히 2003년부터 금지 조항이 조금씩 완화되어 2011년에 확실한 변화가 있었지만, 여전히 많은 사체가 처리 시설로 운반되고 있다. 미겔 에르난데스 대학교의 연구원 세벤수이 모랄레스와 동료들은 스페인에서 죽은 소들을 화장터로 운반할 때 발생하는 온실가스를 계산했는데, 연간 운반 거리가 5천만 킬로미터에 달하며, 이 과정에서 최소한 7만 7,300톤의 이산화탄소가 대기 중으로 배출된다고 추산했다. 스페인이 콘도르를 보호하고 보전한다면 그렇지 않았을 때보다 온실가스 배출 감소를 위한 국제협약을 준수하기가 훨씬 더 쉬울 것이다. 따라서 우리는 콘도르에게 질병으로부터 구해준 것에 대해 감사해야 할 뿐만 아니라, 지구온난화를 완화해준 것에 대해서도 고마워해야 한다.

모든 콘도르 종이 단시간에 커다란 사체를 처리할 수 있는 것은 아니다. (아메리카 검은대머리수리처럼) 크게 무리 지어 살지도 않으면서 상대적으로 크기도 작은 일부 콘도르는 사체가 부패하기 전에 다 먹어치우기가 어렵다. 예를 들어 멕시코의 바하칼리포르니아에서는 콘도르 떼들이 해변에 밀려온 거대한 고래를 먹는데, 완벽하게 치우지 못하는 것을 볼 수 있다. 그러나 이들은 혼자서 또는 몇 마리씩 무리 지어 해안을 순찰하며, 바다가 해안으로 밀어낸 죽은 동물이나 인근 마을의 어부들이 버린 동물을 먹으며 살아간다. 이들의 역할은 대량의 고기를 처리하는 것보다는 쓰레기 수거에 더 방점이 찍힌다. 아프리카와 남부 유라시아의 많은 지역에서 이 역할을 맡은 종은 이집트대머리수리인데, 펠릭스 로드리게스 데 라 푸엔테*가 제공한 달걀을 깨기 위해 돌을 사용했던 '가스파르'라는 이름의 새로 알고 있는 사람들도 있을 것이다.

내가 어렸을 때인 70여년 전만 해도, 부르고스 북부 세

---

* 스페인의 생물학자이자 환경보호 운동가로, 주로 동물과 자연환경에 관한 방송 프로그램의 제작자로 유명하다.

다노 마을 주변에 최소한 3개 이상의 이집트대머리수리의 둥지가 있었다. 그곳에서는 이 새를 바리바뉴엘라스라고 불렀다. 아마 스페인어로 된 가장 교양 있는 토착어 이름을 가진 새일 것이다. 이 새의 이름으로는 하얀콘도르, 이집트콘도르, 영리한콘도르, 흰둥이, 하얀마리아, 똥먹는새, 멍청이콘도르, 기레guirre(카나리아 지방), 어리석은콘도르, 양치기새, 흰수염수리 등이 있다. 그 당시 세다노에는 남아도는 것도 별로 없었고 폐기물 역시 거의 발생하지 않았지만, 사람들에게 사랑받았던 이 바리바뉴엘라스들은 소량의 폐기물을 소비하며 살아갔다. 그런데 얼마 되지 않아 상황이 바뀌었다. 점점 더 많은 쓰레기가 발생했고(일부는 강으로 흘러들기까지 했다), 이 쓰레기들을 치워야 하는 상황이 되었다. 그런데 누군가가 바리바뉴엘라스의 둥지가 악취를 낼 뿐만 아니라 감염원이 되고 있다고 불평하기 시작했다. 그러자 사람들은 둥지를 파괴했고 곧이어 새들도 사라졌다. 오늘날 흰둥이들은 전 세계적으로 가장 위협받는 콘도르 종 가운데 하나가 되었다.

카나리아제도의 이집트대머리수리를 연구해온 내 친구 라우라 강고소와 로사 아구도는 다른 동료들과 함께 전 세계에서 이 새가 가장 많이 서식하는 곳으로 여행을 갔다. 아프리카의 뿔* 앞쪽에 있는 소코트라섬(예멘)이라는 곳이다. 그들은 이 섬에 2,500마리 이상의 이집트대머리수리가 살고 있다고 추정했는데, 대부분이 사람들의 정착지와 관련된 곳에서 살아가며, 사람과 상리공생 관계를 맺고 있다. 사람들은 이 새들에게 먹을 것을 제공하는데, 물론 의식적으로 그러는 것은 아니다. 이에 대한 대가로 이 청소 동물들은 마을과 도시에서 폐기물, 가축 부산물, 인간의 배설물 등을 깨끗이 청소하여, 지체 없이 감염의 위험을 줄여준다. 사실 섬 주민들은 이 새를 쓰레기통을 의미하는 '소에이두soeydu'라고 부른다. 소코트라섬에서 볼 수 있는 인간과 이집트대머리수리의 이런 관계는 세다노를 비롯해 전 세계 여러 곳에서 볼 수 있었을 것이다. 그러나 최근 70년 동안 일어난 사회 경제적 변화로 인해 소코트라섬을 제외한 다른 곳에서는 이런 관계가 사라지고 말았다.

콘도르가 생존하기 어려운 날씨(이 새들은 활공을 하기에 상승하는 열기류가 필요하다) 때문에 콘도르가 존재하지 않는 곳

---

*　　정식 명칭은 소말리아반도로, 아라비아해를 향해 돌출된 동아프리카의 반도다.

에서는 어떨까? 리처드 잉거와 동료들은 영국의 중간 크기 도시(인구 20만 정도) 세 곳에 쥐 사체를 안치하고 자동카메라로 무슨 일이 일어나는지 녹화했는데, 사체의 67퍼센트가 까마귀, 까치, 여우 등에게 먹혔다. 이에 연구자들은 이런 결론을 내렸다. "척추동물이면서 사체를 청소하는 동물은 동물들의 잔해를 치운다는 의미에서 도시에 생태계 차원의 중요한 서비스를 제공한다. 그런데 사람들은 이런 서비스를 종종 간과할 뿐만 아니라, 이를 제공하는 동물 종 역시 무시하거나 박해한다."

척추동물이면서 사체를 청소하는 동물이 있든 없든 상관없이, 곤충은 사체 제거에서 중요한 역할을 맡고 있다. 40여 년 전, 페르난도 이랄도와 나는 멕시코의 서시에라마드레산맥에 자리 잡은 라 미칠리아 자연보호구역에서 인근 농장의 돼지 사체를 모델로 사체 제거 과정을 연구했다. 그중 한 마리는 콘도르의 눈에 띄지 않은 채, 딱정벌레와 파리 유충에게 뜯어먹혀 불과 일주일 만에 뼈와 가죽만 남긴 채 사라지는 것을 놀란 눈으로 지켜봐야 했다. 잘 알다시피 바로 이런 사실이 곤충을 이용한 법의학의 기본으로, 시체에 있는 곤충의 동물상을 통해 죽은 시간을 추정할 수 있다. 처음에는 자연스럽게 벌어진 곳에 알을 낳는 다양한 과科의 파리들이 온다. 여기서 부패하기 시작한 조직을 먹고 사는 유충이 태어난다. 조금 더 시간이 지나면 유충과 파리 알을 먹는 반날갯과 딱정벌레들이 도착한다. 유충이 다 자라면 조용한 곳으로 물러나 번데기가 된다. 그러면 이번엔 가죽과 털을 주로 먹는 수시렁잇과 딱정벌레가 잔치에 합류한다. 물론 곤충이 없어도 사체는 결국 박테리아와 균류에 의해 분해될 것이다. 차이가 있다면 걸리는 시간뿐이다. 콘도르는 양의 사체를 불과 몇 시간 안에 해치울 수 있는 반면, 곤충은 일주일이 걸리고, 박테리아와 균류는 훨씬 더 많은 시간이 걸린다. 어쨌든 이런 사체 잔해로부터 우리를 해방시켜주는 것은 다름 아닌 살아 있는 자연인 셈이다.

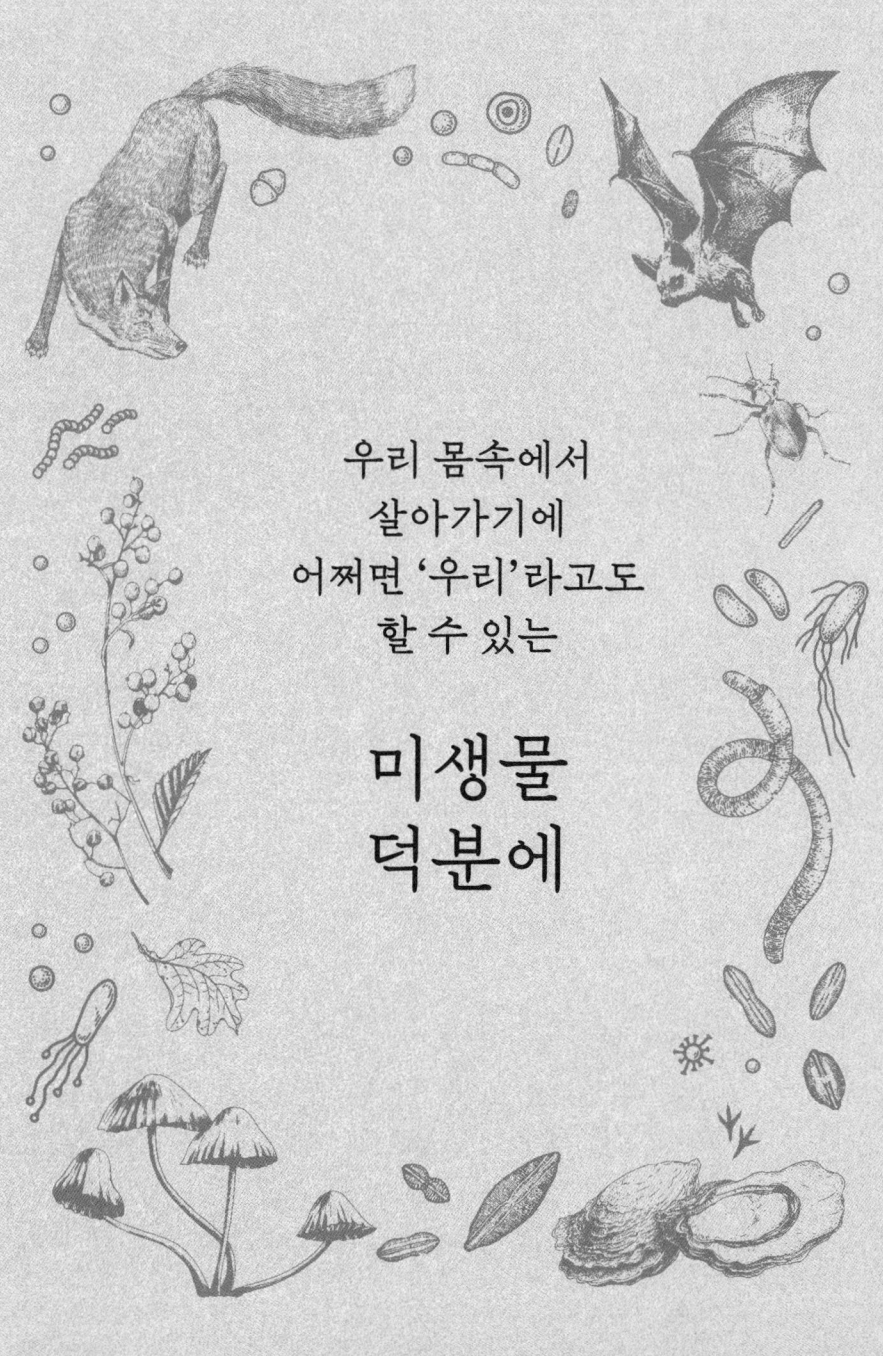

우리 몸속에서
살아가기에
어쩌면 '우리'라고도
할 수 있는

미생물
덕분에

"망할 놈의 코로나바이러스가 우리를 덮쳤는데, 어떻게 감히 미생물에게 감사를 표할 수 있겠습니까?"
"이에 대해선 정말 할 말이 많습니다. 그러나 결국엔 내 의견에 동의할 것이라 믿습니다. 우선 미생물이란 말은 좀 애매한 용어입니다. 눈으로 볼 수 없는 아주 작은 생명체를 가리키는 단어인데, 이 안에는 엄청난 다양성이 존재합니다. 크기, 살아가는 방식, 인간과의 관계, 생태계에서의 역할 등등, 이 모든 것에 대해 좀 더 이야기하면서 확실히 이해했는지 살펴봅시다."

몇 년 전 내가 상당히 독특한 천식을 앓고 있다는 사실을 깨달았다. 세비야에서 로스 팔라시오스까지 자전거로 이동하던 중에 계속해서 끽끽대는 소리가 들릴락 말락 나는 바람에 정신이 나갈 지경이었다. 나는 틀림없이 바퀴가 브레이크 패드에 닿으면서 나는 소리라고 생각했다. 페달을 밟을 때 문제를 느끼지 못했지만, 쓸데없이 에너지를 낭비하지 않기 위해서 이 문제를 빨리 해결하는 게 낫겠다고 생각했다. 그래서 나는 자전거를 유칼립투스 나무 그늘에 세웠다. (당시만 해도 길가에 유칼립투스 나무가 자라고 있었다.) 그런데 자전거가 움직이지 않는데도 여전히 끽끽거리는 소리가 나서 매우 놀랐다. 내가 이 소리의 범인이라는 사실을 깨닫는 데는 상당히 많은 시간이 걸렸다. 상황은 점점 더 악화되었고, 결국 운동 유발 천식 진단을 받았다.

그런데 몇 년이 지난 후 바야돌리드에서 잠을 청하던 중에, 이번엔 운동도 하지 않았는데 숨이 막힐 듯한 느낌을 받았다. 나는 아버지의 주치의였던 헤수스 블랑코 선생을 찾아갔다. 그는 단호하게 이야기했다. "선생님은 최악의 만성 천식에 걸렸으므로 지속적인 치료가 필요하다는 것을 받아들여야 합니다. 하루에 두 번씩 호흡기를 사용해야 하고…." 그는 호흡기 사용법을 설명한 다음 작별 인사를 나누며 지나가는 말로 한마디 덧붙였다. "아, 호흡기를 사용해 숨을 크게 들이쉰 다음엔 반드시 입과 목을 헹구는 것을 잊지 마세요. 그렇지 않으면 미생물이 득시글댈 테니까요." 그 경고에 나는 황당하다는 생각이 들었다. "어떻게 미생물을 들이마실 수 있는 제품을 처방할 수 있죠?" 그는 빙그레 웃으며 미생물에 대해 짤막하게 설명해주었다. "아니, 아닙니다. 훨씬 간단한 얘깁니다. 몸의 다른 부분과 마찬가지로 선생님의 입도 미생물로 가득 차 있으니까요. 선생님이 연구하고 있는 스라소니나 토끼가 사는 지중해 주변의 산만큼이나, 아니 그 이상으로 복잡한 생태계인 셈이지요. 균류는 여기저기 퍼져 있으니까요. 어쩌면 무단 점거자나 선생님이 말씀하신 기회주의적인 종처럼 틈만 나면 어디든 뿌리를 내리는 존재들이에요. 그런데 입은 접근이 굉장히 쉬운 곳이지요. 보통은 입에 사는 박테리아가 균류가 뿌리내리려는 곳을 방어하는데, 안타깝게도 호흡기가 그런 입안의 박테리아를 약화시키거든요." 나는 우리와 함께 살아가고 있는 수많은 미생물이 다른 미생물의 공격으로부터 우리를 지켜준다는 사실을 내 몸을 통해 체득할 수 있었다. 한마디로 미생물은 우리를 엄청나게 도와주고 있었다. 그러나 이 정도는 시작에 불과하다.

우리 몸에는 최소한 세포만큼의 미생물이 존재한다는 사실을 이야기하고 싶다. 그러나 내 친구이자 미생물학 교수

인 후안 카를로스 아르궤예스는 우리 인간을 비롯한 다른 모든 동물과 식물의 세포 역시 미생물에서 왔다는 사실을 이해할 수 있게 도와주었고, 언젠가는 나도 그 사실을 이야기하게 되리라는 것을 일깨워줬다. 그럼 처음부터 시작해보자. 반복해서 이야기하는데, 육안으로는 볼 수 없는 아주 작은(10분의 1에서 10분의 2밀리미터를 넘지 않는다) 생명체를 우리는 미생물이라고 부른다. 어떤 때는 생명체처럼 기능하고 어떤 때는 그렇지 않은 바이러스를 잠시 제쳐둔다면, 미생물은 크게 세 부류로 나뉠 수 있다. 바로 고균, 박테리아, 그리고 여타의 미생물(균류, 원생동물, 단세포 조류 등)이다.

고균과 박테리아는 최초의 생명체로, 세포 내에 핵과 막으로 둘러싸인 소기관이 없으므로 원핵생물이라고 불린다. (박테리아를 이야기할 때, 고균도 여기에 포함시키는 경우도 있지만, 사실 진화 차원에서 봤을 때 서로 다른 존재다. 따라서 이 경우 진짜 박테리아만 가리킬 때는 유박테리아라고 부른다.) 그 밖의 모든 미생물과 생명체는 미토콘드리아, 리소좀, 그리고 식물에만 존재하는 엽록체 등과 마찬가지로 핵과 소기관이 있는 세포를 가지고 있으므로 우리는 이를 진핵생물이라고 부른다.

오래전부터 진핵세포는 로마네스크 예술에 등장하는 사자의 머리, 염소의 몸, 용의 꼬리를 가진 키메라와 마찬가지로 2개 이상의 서로 다른 원핵생물이 합쳐져서 생겼을 것이라고 막연히 추측해왔다. 이 가설은 20세기 후반과 21세기에 이르러서야 진화생물학자 린 마굴리스와 (바르셀로나 대학교의 리카르도 게레로 교수를 포함한) 동료들의 멋진 문제 제기 덕분에 비로소 주목받게 되었다.

20억 년 전 훗날 모든 다세포생물의 진화를 가능케 했던 진핵세포의 갑작스러운 출현은 '진핵생물 발생eukaryogenesis'이라는 다소 복잡한 이름으로 알려졌다. 다양한 모델을 통해 어떻게 이런 일이 일어났는지 설명하려는 시도가 있었지만, 가장 일반적으로는 광의의 박테리아가 다른 박테리아를 차례로 집어삼킨 다음, 그 박테리아들을 소화하지 않고 자기 몸 안에 가둬두었다가 이후 상호 협력하면서 진화했다고 추정되었다. (카를로스 로페스-오틴은 "우리는 박테리아의 소화불량이 만든 산물이다"라고 썼다.) 몇 년 전 스웨덴의 과학자들은 북극해 해저에서 DNA 조각을 발견했는데, 이는 고균에서 유래했는데도 진핵생물과 관련된 유전자를 포함하고 있었다. 그들은 당시까지만 해도 유전적인 특징으로만 확인된 이 고균에 북유럽 신들의 고향을 떠올리게 하는 '아스가르드 고균'이라는 이름을 붙였다. 이 같은 특징은 훗날 북아메리카와 뉴질랜드, 전 세계의 여타 지역에서 나타났는데, 이로 미루어 아스가르드 고균이나 이 고균의 조상이 진핵생물 발생에 중요한 역할을 했을 것이라는 추측이 나왔다. 그러나 외견상으로는 아무도 이 고균이 어떤 것인지, 어떤 방식으로 생존했는지 알지 못했고, 따라서 더 깊이 연구하는 것 역시 너무 어려워 보였다.

'외견상으로는'이라고 쓴 것은 자신이 다른 사람들보다 이 문제에 대해 좀 더 많이 알고 있다는 사실을 깨닫고 여러 자료를 바탕으로 결론 도출을 시도한 사람이 분명 있었기 때문이다. 2006년 일본의 노부 마사루와 그의 연구팀은 태평양 해저 퇴적물을 수집하여 산업적으로 활용 가능성이 있는 메탄 소비 미생물을 분리하려고 했다. 이 심해 미생물을 배양하기 위해 일본 연구진은 산소도 영양분도 거의 없는 곳에서 메탄만 흡입하며 살아가는 이 미생물의 일상적인 환경을 실험실에서 재현할 수 있는 반응기를 제작했다. 몇 년이 걸린 끝에 그들은 다양한 미생물을 발견했는데, 이들 미생물 중에는 놀랍게도 2015년 스웨덴 연구진이 설명한 아스가르드 고균의 DNA 특징과 많은 면에서 일치하는 희귀한 종이 있었다. 그때부터 일본 연구진은 문제의 고균을 확실히 이해하고 진핵세포의 기원에서 이 고균이 담당한 역할을 알아내기 위해 연구에 박차를 가했다.

처음 고균을 수집한 이래 12년이 넘는 집중적인 연구 끝에 그들은 고균의 배양에 성공했고 마침내 현미경으로 관찰할 수 있었다. 그 고균은 정말 특이한 생물이었다. 처음에는 구형으로 시작해 시간이 흐르면서 가지처럼 촉수가 갈라져 나왔으며, 극단적으로 느리게 살아갔다. 몇 분마다 한 번씩 분열하는 박테리아도 있는데 이 고균은 분열에 거의 2~4주가 걸렸다. 2020년 이마치 히로유키와 노부를 비롯한 연구진은 이 새로운 생물을, 인간에게 불을 선물하기 위해 신에게서 불을 훔친 그리스의 거인족 프로메테우스에 빗대어 '프로메테오아르카에움 신트로피쿰'이라는 이름으로 소개했다. 이마치와 그의 동료들이 제시한 가설에 따르면, 20억 년 전의 프로메테오아르카에움 혹은 이와 유사한 유기 생명체는 다른 박테리아를 먹는 포식자가 아니라, 오히려 박테리아들과 합영양공생(바로 여기서 '신트로피쿰'이라는 말이 나왔다) 관계로 함께 살아가는 존재였다. 합영양공생 관계로 살아간다는 것은 각각의 유기 생명체가 다른 것의 폐기물을 필요로 하기에 분리되어서는 살아갈 수 없다는 것을 의미한다. 시간이 흐르면서 프로메테오아르카에움은 이런 박테리아 중 하나를 촉수로 얽어매고 집어삼켜 미래의 미토콘드리아가 될 수 있는 구조를 선제적으로 형성했다. 고균과 박테리아가 합영양공생 관계하에 결합한 것은 세 번째 주요 생물군인 진핵생물의 기원이 되었다.

어찌 되었든(이마치의 가설은 여러 주장 중에서 가장 최신의 주장으로, 어떻게 이런 일이 일어났는지 밝히는 것은 여전히 도전 과제다), 우리의 모든 세포가 미생물에서 유래했다는 사실은 잘 알려져 있는데, 이 사실을 기억해두는 것도 나쁘진 않다. 하지만 이 일은 너무 오래전에 일어났기 때문에 우리 삶에 영향을 미칠 정도는 아니다. 그래도 오늘날 우리가 미생물과 맺고 있는 아주 밀접한 관계는 분명 우리에게 영향을 미친다. 우리 몸 안에는 대략 40조 마리 이상의 미생물이 살고 있고 대부분은 박테리아다. 우리 몸 안에 사는 미생물은 그 수가 많기도 하고 살아가는 장소도 정말 다양한데, 클레어 폴섬은 아주 재치 있게 이렇게 이야기했다. "만약 우리에게 미생물은 그대로 놔두고 세포만 제거할 수 있는 마법의 지팡이가 있어서 세포를 다 없애도, 친구들이 길거리에서 우리를 만나면 (우리 몸속의 미생물 때문에) 금세 알아볼 거야…. 설령 그곳에 우리가 없더라도 말이야!"

미생물을, 심지어는 자신의 일부였던 미생물을 처음 본 사람은 1632년에 태어난 네덜란드의 직물상 안톤 판 레이우엔훅이었다. 그는 특별히 학문적인 훈련을 받은 적은 없지만, 직물을 구성하는 실의 개수를 정확하게 셀 수 있는 완벽하면서도 조그만 돋보기를 만드는 데 독보적인 능력이 있었

다. 레이우엔훅은 유리 렌즈를 아주 정밀하게 조각하고 연마하여 200배 배율의 돋보기를 만들었는데, 이는 직전에 만들어진 초기 현미경의 배율을 훨씬 뛰어넘는 것이었다. 그는 돋보기 아래에 물방울, 나뭇잎, 진흙, 피, 건초를 우린 물 등을 놓고 관찰하던 중 모든 곳에서 끊임없이 움직이는 작고 다양한 미소동물을 발견했다. 그보다 먼저 적혈구, 정자, 원생동물, 박테리아, 효모를 본 사람은 단 한 사람도 없었다. 그는 어느 날 자기 이빨에서 긁어낸 것을 돋보기 아래에 놓고 관찰하다가 여기도 미소동물이 존재한다는 사실을 발견했지만 그다지 놀라지는 않았다. 당연히 그는 최초의 미생물학자로 간주된다.

 미생물에 대한 설명과 분류는 느리게 진행되었다. 18세기 내내 수많은 학자가 다양한 이름을 붙였다. 식초 뱀장어, 우려낸 물 미소동물(주로 우려낸 물에서 발견되었기에), 또는 다양한 원생동물을 가리킬 때 사용했으나 얼마 전부터는 사용하지 않는 용어인 적충류 등이었다. 린네는 자신의 저서 『자연의 체계』 12판에서 미생물을 통합하고 분류하는 시도를 했다. 하지만 수많은 어려움에 봉착한 끝에 결국 카오스 적충류Chaos infusorium라는 동물군으로 묶어 (동물도 식물도 아닌) 카오티쿰Chaoticum이라고 명명한 새로운 계를 만들어냈다. 18세기 말 덴마크의 현미경학자인 오토 프리드리히 뮐러는 이렇게 놀라움을 표현했다. "고대인들에겐 감춰져 있던 보이지 않는 존재들의 세계는 비로소 100년 전부터 밝혀지기 시작했고, 전대미문의 놀라움을 선사했다." 그는 모나스와 비브리오라는 이름을 붙인 속屬과 V. 바실루스종에 관해 설명했는데, 이들의 흔적은 오늘날까지도 온전히 남아 있다.

19세기 독일의 크리스티안 에렌베르크는 22개 미생물의 과科를 식별해냈고, 오늘날까지도 살아남은 박테리움, 비브리오, 스피로헤타, 스피릴룸, 스피로디스쿠스 등의 속에 관한 설명도 덧붙였다. 19세기 중반부터 일부 미생물이 동물과 인간에게 질병을 일으킬 수 있다는 의심이 제기되었다. 1869년 파스퇴르는 누에를 키우던 사람들을 벼랑으로 내몰았던 역병의 원인이 원생동물이라는 사실을 확인했고, 1876년에는 로베르트 코흐가 탄저균을 분리해 사진을 찍는 데 성공했을 뿐만 아니라, 배양된 탄저균을 건강한 쥐에게 접종하는 것만으로도 전염병이 전파될 수 있다는 사실을 증명했다. 그때부터 미생물의 평판이 안 좋아졌고, 때로는 정도 이상으로 악명을 누리게 되었다.

전통적으로 우리는 유해한 미생물을 알아가는 쪽으로 방

향을 맞춰온 반면, 유익한 미생물은 지나칠 정도로 무시해왔다. 일반적인 미생물, 특히 고균과 박테리아는 이 지구 어디에나 존재하는 가장 오래된 생물이자 양적으로도 가장 풍부한 생물이다. 그렇지만 분리하여 배양해야만 연구할 수 있는데, 많은 경우에 실험실에서 배양하기가 까다롭기 때문에 이들 미생물에 대해 제대로 공부하는 것 자체가 쉽지 않았다. 그러다 1990년에 시작하여 2003년에 끝난 인간 게놈 프로젝트HGP에 엄청난 노력을 투여한 결과, 빠르고 저렴하게 DNA의 시퀀싱이 가능해지면서 커다란 변화가 시작되었다. 미국의 국립보건원 주도로, 인간 게놈 프로젝트를 통해 개발된 기술을 활용하여 2008년에 인체 마이크로바이옴 프로젝트HMP가 시작된 것이다.

 이 프로젝트의 목적은 우리 몸에 존재하는 미생물 종을 파악하여, 즉 상대적인 양 등을 파악하여 이들이 우리 인간의 건강과 질병에 어떤 영향을 미치는지 확인하는 것이었다. 우리 몸속의 미생물과 여타 다른 동물의 몸속에 존재하는 미생물은 각기 상이한 마이크로바이오타*를 구성하는데, 이는 종마다 다를 뿐만 아니라 심지어 개체마다 다르다. 1단계 HMP는 2012년에 완료되었는데, 이를 통해 인간의 몸속에서 인간의 유전자(대략 2만 1천 개)보다 훨씬 많은 미생물의 유전자(대략 300만~400만 개)가 시퀀싱되었다. 이그나시오 로페스-고니는 이에 대해 자신의 책 『마이크로바이오타』에서 이렇게 이야기했다. "우리 인간은 부모로부터 1퍼센트의 유전체를, 그리고 미생물로부터 99퍼센트의 유전체를 물려받은 초유기체다."

다세포생물이 지구에 출현했을 때, 미생물은 이미 20억~30억 년 전부터 지구 곳곳에 존재하고 있었다. 균류와 식물, 동물이 제공한 새로운 기회 앞에서 미생물들이 이들을 재빨리 식민화한 것은 너무나 당연한 일이었다. 우리 조상은 인간이 존재하기 훨씬 전부터, 그리고 포유류와 척추동물이 존재하기 훨씬 전부터 이들 미생물과 함께 진화해왔다. 수억 년 동안 미생물은, 자식이 태어날 때 어머니로부터 자식에게 전달되었으며 오늘날에도 여전히 전달되고 있다. (어머니는 신생아에게 미생물을 공급하는 최초이자 가장 중요한 공급원이다.)

한동안 우리는 각자 약 100조 마리의 미생물과 공존하고 있다는 주장이 제기되었다. 만약 이것이 사실이라면, 우리

---

*   마이크로바이오타는 특정 환경에 존재하는 미생물 개체의 집합체를 의미하고, 마이크로바이옴은 이 미생물 군집(마이크로바이오타)이 가진 모든 유전 정보와 대사 물질까지 포함하는 총체적인 개념이다. 즉 마이크로바이오타가 '무엇'의 미생물 군집인지에 대한 것이라면, 마이크로바이옴은 그 미생물들이 가진 기능과 역할까지 아우르는 더 넓은 개념이다.

우리 몸속에서 살아가기에 어쩌면 '우리'라고도 할 수 있는

몸에는 인간 세포 하나당 열 마리의 미생물이 서식하는 꼴이 된다. 이 수치는 사람들의 엄청난 주목을 받았다. 신문에도 수치가 많이 보도되었을 뿐만 아니라, 급기야 앨러나 콜렌의 아주 재미있는 교양 과학 도서 『10퍼센트 인간』이라는 제목의 책까지 나왔다. 하지만 그 누구도 우리 몸의 세포나 미생물의 개체 수를 세어본 적이 없다. 따라서 이 수치는 모두 근사치일 뿐이고, 90퍼센트의 미생물이라는 수치도 누군가 즉흥적으로 만들어낸 과장된 표현으로 보이는데도 정도 이상으로 주목을 받은 것이다.

2016년 론 샌더와 동료들은 좀 더 정확한 추정치를 발표했다. 그들에 따르면 인간 세포의 10분의 9(84퍼센트)는 혈액 세포, 특히 적혈구다. 그리고 우리 몸의 박테리아 대부분은 결장에 있으므로, 결장의 길이와 결장 내의 미생물 밀도를 안다면 전체 개체 수에 좀 더 가까이 다가갈 수 있다. 그들이 내린 결론은 일반적인 남성의 몸에는 대략 30조 개의 세포와 38조 마리의 박테리아가 존재한다는 것이었다. 하지만 이 패턴에는 다양한 편차의 원인이 중첩적으로 작용할 수 있다. 예를 들어 여성이 남성보다 박테리아가 더 많을 수 있고 (더 다양할 수도 있다) 젊은이가 노인보다, 덩치가 큰 사람이 작은 사람보다 박테리아가 더 많을 수 있다. (적혈구도 더 많다.) 그뿐만 아니라 우리가 대변을 볼 때마다 (좀 순화해 이야기하자면) 대변과 함께 수조 마리의 박테리아가 배출되는데, 이는 금세 다른 박테리아로 대체된다. 따라서 약간의 차이가 있긴 하지만, 인간 세포 하나당 박테리아 한 마리가 있다는 생각을 받아들일 수 있다. (따라서 '50퍼센트 인간'이라고 이야기해야 한다.)

인간의 몸에 사는 박테리아는 매우 다양하다. HMP에 따르면 우리 인간의 몸에는 1만 종의 박테리아가 살아갈 수 있는데, 그중 위험성을 내포하고 있는 것은 100종에 불과하다. HMP에서는 250명 이상의 연구원이 일하고 있었고, 이들은 242명의 데이터에 접근할 수 있었다. 여기에는 남성이 여성보다 조금 더 많았다. 그들은 입과 피부, 대변과 질 등 여러 부위에서 표본을 채취했다. 미생물의 종과 수는 부위에 따라 많은 편차를 보였다. 대장(결장) 다음으로 다양한 박테리아가 엄청나게 많이 사는 곳은 입이었다. 일부 박테리아는 충치를 유발하는 치태를 형성하지만, 또 다른 일부는 앞서 이야기했듯이 균류로부터 우리를 보호하는 역할을 한다.

피부에도 다양한 종의 박테리아가 서식하는데, 이들은 몸의 다양한 환경에 분포해 있다. 얼굴과 등에 사는 박테리아는 모공이 분비하는 지방을 섭취하며, 겨드랑이나 사타구니 같은 습한 부위에 사는 박테리아는 땀 속의 질소를 흡수한다. 팔뚝에 특히 미생물이 많이 존재하는 데 반해, 질에는 종류는 적지만 많은 수의 박테리아가 살아간다. 폐와 산성도가 높은 위에는 박테리아가 별로 없다고 알려져 있다. 그러나 이런 식의 너무 일반적인 설명은 자칫 사람마다 마이크로바이오타가 다를 수 있다는 사실을 간과하게 할 수 있다. 앨러나 콜렌이 쓴 바에 따르면 사람들 각자의 미생물은 "지문처럼 독특할 뿐만 아니라 개별적"이라는 특징을 가지고 있다.

그렇다면 법의학 차원에서 사건을 해결할 수 있을 정도로 특징적일까? 그럴 수도 있고 아닐 수도 있다. 왜냐하면 우리 몸은 함께 살아가는 사람들, 우리를 안아주는 친구, 처음 악수한 모르는 사람, 직장 동료, 반려동물, 여기에 더해 우리가 만지거나 섭취한 모든 것과 우리가 들이마신 공기에 존재하는 미생물까지 공유하기 때문이다. 로페스-고니에 따르면 10초의 프렌치 키스만으로도 8천만 마리의 박테리아를 나누게 된다. 물론 침 속 미생물에 오랫동안 지속적인 영향을 미치려면 키스의 빈도를 좀 더 높여야 한다. 일부 작가들은 연인들 간의 키스가 이상적인 짝을 찾는 데 도움을 줄 수 있다고 생각한다. 체액의 교환을 통해 당사자들은 상대방의 미생물에 대한 직접적인 정보를 얻을 수 있기에, 간접적이긴 하지만 상대방이 가지고 있는 유전적인 특성과 면역계의 특성을 파악할 수 있기 때문이다.

만약 우리 몸에 서식하는 수천 종의 미생물이 우리에게 해롭다면, 면역 체계는 분명히 오랜 진화 과정에서 이들을 거부할 방법을 찾아냈을 것이다. 그러나 면역 체계는 그렇게 하지 않았을 뿐만 아니라, 오히려 미생물과 아주 긴밀하게 협력했고, 한 걸음 더 나아가 미생물에게 의존하기까지 했다. 5~6년 전, 나는 에드 용의 『내 속엔 미생물이 너무도 많아』를 읽고 강한 인상을 받았다. 그는 아기들이 감염될 위험이 더 큰 이유는, 신생아의 몸에 미생물이 정착할 수 있게 도와주기 위해 여타 면역 세포들을 억제하는 일부 면역 세포 탓이라고 했다. 이 시기에는 모유에 포함된 항체가 아기 몸에 정착하려는 미생물이 적합한지를 확인하는 주된 역할을 한다. 실제로 용은 이 시기의 면역 체계가 맡는 가장 주요한 임무는 우리가 생각하는 것과는 달리 방어가 아니라 조절이라고 주장한다. 그는 이렇게 썼다. "미생물은 자신에게 적합한 둥지를 만들고 경쟁자를 거부하게끔 반응을 유도하는 등 면역 체계의 범위를 규정한다고 이야기할 수 있다." 다른 말로 하면 미생물은 우리의 방어 체계가 양적으로 얼마 되지 않는 병원균을 공격하고 수많은 이로운 미생물은 보호하게 한다.

진화론적 관점에서 보면 이런 미생물들은 우리와 함께 진화해왔기 때문에 다른 방법으로 존재할 수 없다. 물론 진핵세포를 형성하는 고균과 박테리아의 통합 수준까지는 아직 이르지 못한 게 분명한 사실이지만, 그들과 마찬가지로 우리와 미생물 역시 서로에게 필요한 존재인 것은 분명하다. 우리는 미생물 없이 살 수 없고, 많은 미생물 역시 우리와 분리되어 자유롭게 살아갈 수 없다. 어떤 면에서는 사람이나 동물, 식물은 모두 자기 자신과 미생물로 구성된 초유기체라고 할 수 있다.

에드 용은 우리가 텃밭을 돌보듯이 이 미생물을 돌보고 조절한다고 설명한다. 우리는 울타리와 목책(예를 들어 점액) 등을 이용하여 각각의 미생물을 가장 이상적인 위치에 보전하고, 빛, 온도 등의 조건이 가장 적합한 곳에서 각각의 종을 번식시킨다. (바로 이것이 피부 미생물이 내장 미생물과 다른 이유다.) 그리고 우리는 잡초 혹은 우리가 기르는 식물과 경쟁할 수 있는 불필요한 풀을 제거하고(이것이 항체와 면역 체계가 하는 일이다. 즉 유해한 미생물은 제거하고 유익한 미생물은 육성한다), 정기적으로 농장에 물과 비료를 준다(미생물에게 먹이를 제공하는 것과 같다). 모유에 존재하는 올리고당(몇 가지 단순한 당이 결합하여 만들어진 분자)이 바로 우리를 돌보는 미생물에게 우리가 제공하는 돌봄의 가장 재미있는 사례 중 하나다.

오래전에 과학자들은 분유를 먹고 자라는 아기들보다 모유를 먹고 자라는 아기들의 대변에 더 많은 비피도박테리아(일부 요구르트 광고를 통해 이 이름이 많이 익숙해졌을 것이다)가 들어 있다는 사실을 알게 되었다. 모유에는 시판 중인 분유에 없는 성분, 즉 이 박테리아의 성장을 돕는 성분이 있기 때문이라고 과학자들은 생각했다. 이와는 별도로 화학자들이 대부분의 포유류 모유에는 없는 특정 당류가 인간의 모유에만 함유되어 있다는 사실을 발견했다. 처음엔 특정 형태의 유당으로 밝혀졌던 이 당류들이 사실은 150~200개의 다양한 올리고당으로 만들어진 커다란 복합체라는 것이 점차 밝혀졌다.

그런데 흥미롭게도 아기들은 이 성분을 소화할 수 없다. 그렇다면 왜 인간의 모유에서 이 올리고당이 유당과 지방에 이어 세 번째로 많은 성분이 된 걸까? 굳이 이 성분을 만들 필요가 있었을까? 20세기 중반, 이 올리고당이 하는 역할은 신생아들에게 영양분을 공급하는 것이 아니라, 적어도 직접적으로는 아니더라도, 아기 몸속에 있는 박테리아에게 먹을 것을 공급하는 것이라는 주장이 대두되었다. 그리고 21세기에 들어와서는 올리고당의 구체적인 목적지가 밝혀졌다. 이 성분은 비피도박테리움 인판티스라고 불리는 종을 먹여 살리기 위한 것이었다. 그런데 왜 어머니들이 아기 몸속의 이 박테리아를 먹여 살리는 데 신경 써야 했던 것일까? 용에 따르면 이 미생물은 "자기가 먹고살 길을 스스로 마련한다." 비피도박테리아는 올리고당을 소화하여, 아기들의 장 세포에 영양을 공급해줄 뿐만 아니라, 면역 체계 발달과 아기들에게 맞는 박테리아가 장내에 자리 잡는 데 절대적으로 필요한 단쇄지방산을 분비한다. 그뿐만 아니라 장 세포에서의 단백질 생산을 촉진함으로써 세포 사이의 틈새를 메워 보호력을 강화한다.

앨러나 콜렌은 성인들에게 미생물의 도움이 없으면 소화할 수 없는 섬유질이 필요한 것처럼, 젖을 먹는 아기들에게도 모유의 올리고당이 절대적으로 필요하다고 이야기한다. 게다가 비피도박테리움 인판티스가 분비하는 또 다른 노폐물인 시알산은 특히 생후 몇 달 동안 빠르게 진행되는 뇌 발달에 필수적인 영양분이다. 이 밖에도 올리고당 자체가 아주 중요한 방어벽 역할을 한다. 장에 도착한 병원균을 유인하여 세포가 아닌 자기들에게 붙게 한다. 바로 이런 점들이 올리고당이 풍부하고 다양한 이유를 설명해준다. 다시 말해 이런 식으로 다양한 유해 미생물을 차단할 수 있는 것이다.

당연히 사람은 유아기 때만 미생물에게 먹이를 주는 것이 아니라 평생 먹이를 준다. 마찬가지로 우리가 살아가는 동안 내장 미생물 역시 우리가 전적으로 유전자에만 의존하면 소화할 수 없는 음식을 발효시켜줌으로써 우리에게 먹을 것을 준다. 장내 미생물은 우리가 먹는 것을 똑같이 먹기 때문에 내장기관 속 다양한 종류의 박테리아 비율은 우리 식단에 따라 크게 달라진다. 2010년 이탈리아의 카를로타 데 필리포가 이끌었던 연구팀은 아프리카 부르키나파소에 있는 한 시골 마을의 어린이들과 이탈리아 피렌체 어린이들의 배설물에 있는 미생물을 비교 연구했다. 부르키나파소의 어린이들은 기장, 수수, 콩과 식물, 야채 등을 주로 먹는 반면, 피렌체의 어린이들은 소위 현대 서구식 식단으로 알려진 피자, 고기, 아이스크림, 사탕, 감자튀김 등을 주로 먹었다.

두 집단 어린이들의 장내 우세 미생물은 확연히 달랐다. 아프리카 어린이들은 주로 박테로이데테스 계열이 많았는데, 특히 이 계열에 속하는 프레보텔라와 자일라니박터가 전체 마이크로바이오타의 75퍼센트를 점했다. 그뿐만 아니라 이들이 훨씬 더 다양한 미생물을 보유하고 있었다. 반면에 이탈리아 어린이들은 피르미쿠테스 계열의 박테리아를 주로 보유하고 있었고, 프레보텔라나 자일라니박터는 전혀 없었다. 이 두 속屬의 박테리아는 식물들의 세포벽을 해체하는 데 특화된 것으로, 여기서 에너지를 추출하고 단쇄지방산을 방출하는데, 이 지방산은 숙주에게 영양을 공급할 뿐만 아니라 소화관의 항염 효과를 증진한다. 이탈리아 어린이들은 섬유질을 충분히 섭취하지 않았기 때문에 이런 지방산이 부족했다. 다만 이탈리아 어린이들이 보유한 박테리아들은 단당류, 단백질, 지방을 분해하는 데는 훨씬 더 효율적이었다.

몇 년 후, 데 필리포는 표본을 확장하여 부르키나파소의 수도인 와가두구의 어린이까지 포함시켰다. 그리고 이들의 식단에 동물성 식품, 지방, 단당류가 얼마나 많이 포함되어 있는지 확인한 후, 이 어린이들의 장내 마이크로바이오타가 같은 나라의 시골 마을에 사는 어린이들의 특징과 달리 이탈리아 어린이들과 유사하다는 사실을 발견했다. 그녀는 현대의 세계화된 식단이 인류의 역사에서 중요한 역할을 했던 많은 미생물 군집을 사라지게 하고 있는데, 언젠가 그들이 다시 필요해질 수도 있다고 경고했다.

박테로이데테스와 피르미쿠테스가 장내 미생물과 비만의 관계에 관한 다양한 연구에서 주인공으로 등장하는 것 또한 우연은 아니다. 잘 알려진 것처럼 과체중, 특히 비만과 이와 관련된 질환은 서구 사회뿐만 아니라 개발도상국에서도 심각한 사회문제가 되고 있다. 우리가 음식물에서 에너지를 추출하는 방식을 결정하는 데 미생물이 아주 중요한 역할을 한다면, 마른 체형이나 뚱뚱한 체형을 결정하는 것 역시 미생물과 관련 있지 않을까? 2023년 아스투리아 공주 상의 기술 및 과학 연구 부문 수상자인, 세인트루이스 워싱턴 대학교의 제프리 고든 교수 연구팀은 금세기 초에 미생물이 없는 실험용 쥐를 길러보겠다는 다소 엉뚱한 생각을 했고, 엄청난 어려움을 겪은 끝에 마침내 성공을 거두었다. 덕분에 실험실에서 이 설치류에게 특정 세균을 접종하고 그 결과를 관찰하는 연구를 수행할 수 있었다. (만약 다른 쥐를 대상으로 실험을 진행했다면, 새로운 세균이 기존의 세균과 상호작용하여 결과 해석에 많은 어려움을 겪었을 것이다.)

2004년 이 팀의 연구원인 프레드릭 베케드는 미생물이 없는 쥐의 털에 일반 쥐의 배설물을 묻힌 다음, 미생물이 없는 쥐가 자기 털을 핥을 때 일반 쥐의 미생물이 장으로 옮겨 갈 수 있게 했다. 미생물이 음식물에서 영양분을 추출하는 데 많은 도움을 준다는 사실이 잘 알려져 있었기에, 연구진은 미생물이 자리 잡으면 쥐의 체중이 늘어날 것이라고 예상했다. 그런데 그렇게 많이 늘어날 것이라고는 생각하지 못했다. 미생물을 이식받은 쥐는 예전보다 덜 먹었음에도 단 2주 만에 체중이 60퍼센트 증가했다. 과학자들은 미생물이 섭취한 에너지를 지방 형태로 저장하는 것을 쉽게 해주기 때문이라고 이해했는데, 이는 원시인과 마찬가지로 자기들이 원하는 것을 모두 먹을 기회가 거의 없었던 동물들에게 매우 유용했을 것이다.

고든 박사 연구팀의 또 다른 연구원인 루스 레이는 일반 쥐와 유전적으로 비만인 쥐(이 쥐는 더 이상 음식이 필요하지 않을 때 뇌에 신호를 보내는 단백질인 렙틴을 만드는 유전자가 없다)의 장내 마이크로바이오타의 구성이 어떻게 다른지를 연구하기로 했다. 레이는 두 종류의 쥐 모두에서 박테로이데테스와 피르미쿠테스가 우위를 점하고 있었지만 마른 쥐에서는 박테로이데테스가, 비만인 쥐에서는 피르미쿠테스가 더 많이 나타난다는 사실을 알게 되었다. 다음 단계는 마른 사람과 뚱뚱한 사람에게도 이런 현상이 나타나는지를 증명하는 것이었는데, 똑같은 패턴이 확인되었다. 마른 사람은 박테로이데테스가, 뚱뚱한 사람은 피르미쿠테스가 더 많았던 것이다. 이를 통해 마른 사람의 마이크로바이오타와 뚱뚱한 사람의 마이크로바이오타를 각각 설명할 수 있게 되었다.

그렇다면 이와 같은 박테리아의 비율이 비만의 원인일까, 아니면 결과일까? 이 의문을 해결하기 위해 또 다른 연구원인 피터 턴보는 다시 무균 생쥐를 대상으로 실험을 진행했다. 한쪽 표본에는 일반 쥐의 미생물을, 다른 쪽 표본에는 비만 쥐의 미생물을 이식했다. 그리고 두 그룹 모두에게 동질의 음식을 똑같은 양으로 먹였는데, 2주 후 비만 체형의 마이크로바이오타를 이식받은 쥐는 지방의 47퍼센트를 흡수한 반면, 마른 체형의 마이크로바이오타를 이식받은 쥐는 27퍼센트만 흡수했다. 다른 말로 하면 미생물을 이식함으로써 비만 역시 함께 옮긴 모양새가 된 것이다. 이 발견의 잠재력을 인지한 연구진은 미생물을 이용한 과체중 치료 아이디어를 특허 출원했다.

물론 체중 감량이 단순하게 마른 체형의 사람에게 미생물을 빌려달라고 요청하는 것 정도로 해결될 수 있는 문제는 아니다. 여전히 식단이 중요한 역할을 할 수밖에 없다. 마른 체형의 마이크로바이오타를 가진 사람은 평소 지방을 잘 먹지 않기에 장내에서 지방을 활용할 수 있는 박테리아가 거의 없다. 그래서 어느 날 갑자기 소시지에 계란까지 먹어치운다고 해도 체내에 지방이 거의 흡수되지 않는다. 그렇지만 이런 식사가 습관이 되면 미생물이 변하게 되어 점차 음식물에서 더 많은 열량을 얻을 것이고 결국 살이 찐다.

한편 미생물이 우리가 먹는 것에서 에너지를 추출하는 데 영향을 미친다고는 하지만, 이것이 미생물이 우리 외모에 영향을 미치는 주요한 방법은 아닐 것이다. 왜냐하면 미생물은 우리가 에너지를 어떻게 사용할지도 결정할 수 있기 때문이다. 베케드가 쥐를 통해 입증한 것처럼, 비만 체형의 마이크로바이오타는 에너지를 지방 형태로 저장하도록 유도하는 유전자를 활성화한다. 고든 박사 연구팀의 또 다른 연구원인 버네사 리도라는 마른 체형의 마이크로바이오타와 비만 체형의 마이크로바이오타를 가진 각각의 쥐들을 같은 상자에 넣었다. 그녀는 마른 체형의 마이크로바이오타가 비만 체형의 마이크로바이오타를 대체하여 우세해졌음을, 그리고 그 반대 현상은 절대로 일어나지 않는다는 사실을 발견했다. 그렇다면 마른 체형의 마이크로바이오타가 더 우성인 걸까? 그렇진 않다. 다만 리도라가 쥐들에게 식물성 섬유질이 풍부한 사료를 제공했기 때문에 이런 현상이 일어난 것이다. 리도라가 섬유질이 적은 고지방 사료를 제공하자 이번에는 비만 체형의 마이크로바이오타가 번성했다.

마이크로바이오타와 우리 인간의 상호작용에 관한 연구는 아직 초기 단계에 머물러 있지만, 많은 문이 활짝 열려 있다. 나는 건강한 면역 체계를 만들기 위해서는 미생물이 필요하다고 주장했다. 많은 사람이 (태어나면서부터 3년 동안 얻은 미생물을 포함하여) 마이크로바이오타를 천식, 관절염, 자가면역질환 등과 같은 성인 질환과 연관 짓는다. 피부 미생물은 체취를 결정하고 성적인 매력에 (그리고 모기에게 물릴 확률에도) 일정 정도 관여하는 대사산물을 생산한다. 아마 미생물이 생산하는 물질이 미주신경을 통해 뇌에 영향을 미침으로써 우리 행동에도 관여하는 것으로 추정된다. 한 예로 자폐증 유사 증상을 보이는 실험용 쥐에 박테로이데스 프라길리스라는 박테리아를 주입하자 증상이 호전되었다. 스티븐 콜린스는 두 종류의 실험용 쥐, 즉 소심한 쥐와 대담한 쥐를 실험실에서 길렀는데, 무균 쥐에 대담한 쥐의 미생물을 주입하자 용감한 쥐로 변했고, 소심한 쥐의 미생물을 주입하자 반대의 결과가 나타났다. 다시 말해 미생물을 교환함으로써 쥐의 성격을 바꿀 수 있었다. 마이크로바이오타를 불안 증세 및 우울증과 연관 짓는 연구도 있다. 과도한 음주는 장의 투과성을 높여, 미생물이 뇌에 미치는 잠재적 영향력을 증가시키는데, 이를 통해 알코올 중독자의 우울증을 설명할 수 있다. 이 외에도 많은 예를 제시할 수 있다.

　우리는 미생물의 작용 방식을 완전히 이해하진 못하고 있지만, 일부 미생물학자의 말처럼 미래의 의학은 개별 맞춤 방식으로 진행되어, 대부분이 각 개인의 문제에 특화된 미생물 패키지를 바탕으로 이루어질 것이라고 예상할 정도의 지식은 갖추고 있다. 치료를 보완하기 위한 방식으로 병원이나 진료실에서 기른 유익한 미생물을 배포하여 사람들 대다수에게 전달될 수 있도록 하는 것이 바람직하다고 보는 사람들도 있다. (투여 방식은 다르지만, 오늘날의 프로바이오틱스와 유사하다.) 박테리아인 클로스트리듐 디피실리균이 유발한 결장염과 같은 특정 질병을 치료하기 위해 환자들에게 건강한 기증자의 대변에서 채취한 미생물을 접종하는데, 이는 별로 우아하지 않은 '대변 이식'이라는 이름으로 알려져 있다. 건강하고 균형이 잘 잡힌 마이크로바이오타를 얻기 위해서는 미생물에게 필요한 영양소, 즉 프리바이오틱스라고 알려진 것을 더 자주 섭취해야 한다.

  에드 용은 마이크로바이오타에 진심인 유명 건축가의 말을 인용하여 이렇게 이야기했다. "우리는 박테리아를 죽이는 데는 상당히 능숙했다. (…) 그러나 지금은 미생물이 우리를 어떻게 도와줄 수 있는지 확실히 이해하고 싶다." 한마디로 미생물은 단순하게 우리 입속의 균류를 막아내는 것 이상의 의미가 있기에, 우리는 미생물에게 감사해야 한다. (덧붙이자면, 아주 위험한 내성을 가진 슈퍼박테리아를 양산할 수 있는 항생제 주입을 가능하면 피해야 한다.)

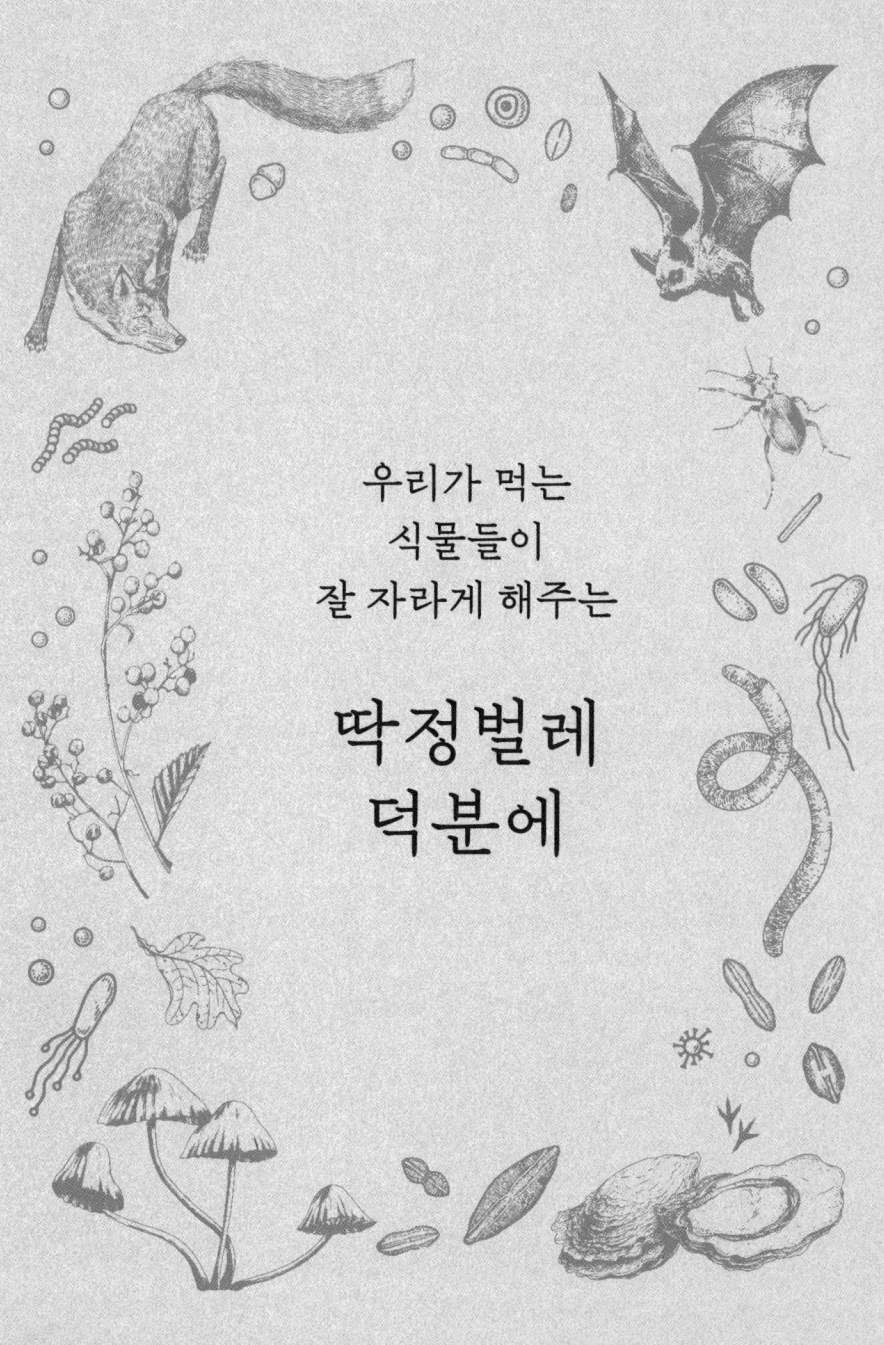

이그나시오 히메네스는 레반테 지방의 자연주의자들로 붐비는 대가족의 막내다. 나는 그의 가족 중 맨 처음 알게 된 후안과 아주 옛날부터 수달에 관한 연구를 공유하고 열정을 나누었다. 또 하비에르는 숫자보다 사람과 환경을 먼저 생각하는 경제학자다. 그의 누이인 소아는 그린피스의 배를 타고 지구 반 바퀴를 돌았다. 카스티야이레온과 인연이 있던(그리고 내 부모님과도 인연이 있다고 말하곤 했다) 히메네스의 부모님은 술집을 경영했다. 아주 오래전 나는 발렌시아에 들러 수달을 알부페라에, 사향고양이를 데베사 델 살레르에 돌려보내는 일을 논의했다.* 마침 그곳에서 우리는 대규모 조류 애호가들이 모이는 만찬을 몇 차례 열었는데, 여기선 언제나 이상주의적 생태론자들과 실용주의적 생태론자들 사이에 격렬한 논쟁이 벌어지곤 했다. (양쪽 모두 카라히요**를 많이 마신 탓에 조금은 취해 있었다.)

이그나시오는 젊었을 때부터 자연을 지키는 일에 헌신해왔다. 20세기를 보내며 그는 강좌를 개설하여 책에는 거의 나오지 않지만 자신이 알고 있던 것을 가르치려고 했다. 그는 공동 작업을 하자며 아스트리드 바르가스(얼마 뒤 이베리아스라소니의 사육 프로그램을 성공리에 진행했다)와 나를 초대했다. 우리는 과테말라, 스페인, 칠레 등에서 강의했는데, 첫 수업은 코스타리카에서 진행했다. 우리 수업을 듣던 학생 중, 국립대학에 다니던 바야돌리드 출신의 젊은 생물학도인 마리아테는 과채류 회사의 지원을 받아 논문을 쓰기 시작했다. 소작농들은 경작지를 마련하기 위해 넓은 열대우림 지역에서 숲을 밀어버렸지만, 유실수들은 거의 수확을 내지 못하고 있었다. 이에 토착림을 파괴한 탓에 수분 매개자가 줄어

---

*   알부페라는 스페인 발렌시아 남쪽에 위치한 얕은 석호이자, 그 주변의 자연공원이 위치한 곳이다. 데베사 델 살레르 역시 발렌시아에 있는 아름다운 해변으로 자연보호구역이다.

** 럼주나 브랜디를 넣은 커피다.

서 과일이 열리지 않는 게 아니냐는 이야기가 나왔다. 그래서 이들은 이 문제를 해결하기 위해 젊은 생물학자에게 원래 있던 식물을 어느 정도나 보존해야 하는지 물어보기로 했다. 그들이 어떤 종을 심길 원했는지는 잘 기억나지 않지만, 체리모야나 아노나속의 구아나바나, 아논 혹은 사라무요(미국에서 슈가애플로 불린다)와 같은 나무를 심고 싶었다면 아마 작은 딱정벌레는 놓칠 수밖에 없었을 것이다.

이런 종의 과일 생산량은(때로는 품질도) 꽃을 찾아와 그 결과로 수분을 매개하는 딱정벌레의 개체 수와 관련 있다는 것이 많은 연구를 통해 밝혀졌다. 경우에 따라 상당히 복잡한 메커니즘을 거치기도 한다. 앞서 말한 나무의 꽃들은 (주변보다 최대 10도 높은) 열을 발생시켜 아주 강한 발효된 과일 향을 발산하는데, 이를 통해 딱정벌레를 유인한다. 딱정벌레는 포획자들로부터 보호받을 수 있는 비교적 넓은 자방*의 격실에 자리를 잡고 그곳에서 먹이를 먹고 짝짓기를 한다. 이때 꽃가루가 딱정벌레의 몸에 난 털에 달라붙는데, 딱정벌

---

*   자방은 씨방이라고도 하며, 암술pistil의 일부분이다. 자방은 꽃가루를 받아들인 후 씨앗으로 발달할 밑씨(배주)를 품고 있는 구조로, 수정 후에는 열매로 발달한다.

레가 꽃을 옮겨가며 끊임없이 움직이는 덕분에 수정이 되는 것이다. 수분 매개자로서 작은 딱정벌레의 역할은 매우 중요하여 어떤 곳에서는 꽃차례의 유인력을 높이기 위해 화학적인 향료를 첨가하기도 한다.

그러나 앞의 사례와 같이 환경이 많이 바뀐 경우에는(예를 들어 광범위한 단일 작물 경작 등) 딱정벌레가 없을 수도 있다. 예를 들어 스페인 남부의 경작지에서는 양질의 과일을 더 많이 수확하기 위해 체리모야의 꽃을 인공적으로 수분한다. 오후가 되면 작업자들은 수꽃기에 들어간 꽃을 가볍게 흔들어 꽃가루를 작은 그릇에 모은 다음, 다음 날 아침 그 꽃가루를 암꽃기의 다른 꽃에 붓으로 발라준다. (기능적으로, 아노나 꽃차례는 아침에는 암꽃이고 나중에는 수꽃이 된다.) 이렇게 하면 많은 꽃에서 양질의 과일을 얻을 수 있다. 하지만 여기에 투입된 노동력과 시간을 계산해보면, 딱정벌레가 개체 수가 많을 때 아무 대가 없이 제공했던 혜택이 얼마나 큰지 잘 알 수 있다. 몇 년 후 퀸즐랜드의 곤충학자인 로절린드 블랑셰는 마리아테가 그토록 알고 싶어 했던 것을 알아냈다. 원산지에서 멀리 떨어진 오스트레일리아에서도 마찬가지로 체리모야 경작지가 토착림에서 500미터 안에 있으면 딱정벌레가 찾아오지만, 너무 멀리 떨어져 있으면 찾아오지 않는다는 사실을 알아낸 것이다.

꽃과 수분 매개자인 딱정벌레의 상호작용은 칸타로필리아라고 하며, 이는 원시적 형태의 수분으로 간주된다. (딱정벌레에겐 일반적으로 꽃가루를 저장하고 운반하기 위한 특수한 구조가 없을 뿐만 아니라, 딱정벌레의 턱은 꽃의 구조에 흠집을 낼 수 있다.) 진화 단계에서 매우 오래전부터 존재한 목련나무와 이와 관련된 나무들은 거의 전적으로 딱정벌레(전문적으로 이야기하자면, 초시류)가 수분 매개자의 역할을 하고 있다. 연구자들은 진화 과정에서 동물에 의한 수분의 기원을 (포자가 아닌) 씨앗을 가진 식물의 출현과 연관 짓는데, 몇몇 화석 유물을 통해 약 3억 년 전에 발생했을 것이라고 추정한다.

초기에 수분 매개자들은 그다지 전문화되지 않았을 것이며, 식물을 찾아온 것 역시 식물의 생식기관을 먹기 위해서였을 것이다. 다만 그 과정에서 꽃가루가 묻었을 것이고, 우연히 이 꽃가루가 같은 줄기 혹은 다른 줄기의 암컷 생식기관으로 옮겨져 수정되었을 것이다. 그런데 이것이 식물에게 상당한 이익을 제공했기 때문에, 시간이 흐르면서 식물 역시 자기를 찾아오는 방문객에게 그다지 부담스럽지 않은 보상을 제공하게 되었고, 방문객 역시 숙주에게 피해를 주지 않고 소득을 올리는 기술을 도입하게 된 것이다. 식물에게 백해무익

했던(동물이 식물을 먹어치웠던) 초기 관계에서 양쪽 모두 이익을 얻는 상호 호혜의 관계로 넘어갔다. 진화에서 이 상리공생이라는 위대한 급변침은 약 1억 4,500만 년 전 쥐라기 말에 꽃을 가진 식물의 출현과 함께 시작되어, 7천만 년 전 백악기 말에 절정에 달했다. 백악기 말에 이르자 식물과 동물 모두 수분 과정에 최적화된 구조와 전략을 갖추게 되었다. 수만 종의 딱정벌레가 수많은 식물 종의 수분을 담당하지만, 이를 독점적으로 행하는 경우는 드물다. 앞으로 살펴볼 기회가 있겠지만, 잠재적인 수분 매개자는 엄청나게 많다.

처음부터 설명을 시작했더라면—독자 여러분은 그렇게 해주길 바랐을 수도 있겠지만—식물의 유성생식이 식물의 수컷 생식세포에 포함된 꽃가루(라틴어로 pollen, 즉 '고운 가루'를 의미한다)가 암술머리로 이동해 밑씨와 난원세포, 다시 말해 암컷 생식세포로 연결되는 과정에 기반한다는 사실을 먼저 상기시켰을 것이다. 두 생식세포의 결합, 즉 수정의 결과로 씨앗과 열매가 형성되고 성장한다. 정확하게 기억나지는 않지만, 아주 어렸을 때 누군가가 벌이 씨앗을 꽃으로 날라다 주면 씨앗이 그곳에 둥지를 틀고 마침내 열매로 자란다는 이야기를 들려주며 인간의 유성생식을 설명했었다. (우리는 파리에서 아기를 데려온다는 황새와 벌이 무슨 관련이 있는지, 그리고 임산부의 불룩한 배와 무슨 관련이 있는지 잘 이해되지 않았다. 하지만 이것은 전혀 다른 문제다.)

꽃가루를 생산하는 수꽃만 있는 식물도 있고, 밑씨를 생산하는 암꽃만 있는 식물도 있다. 그런데 대부분의 식물은 꽃이 꽃가루와 밑씨를 모두 생산함에도 불구하고, 자가수정을 하지 못하는 경우가 많다. (다시 말해 같은 꽃의 꽃가루와 밑씨 간의 생식은 이루어지지 않는다.) 어쨌든 꽃가루는 많건 적건 반드시 이동해야 하는데, 식물은 본질적으로 이동이 불가능하기에 꽃가루를 이동시켜줄 운반자에게 의지할 수밖에 없다. 우리는 이러한 운반자를 '수분 매개자'라고 부르는데, 이들은 수가 엄청나게 많고 종류도 다양해서 당연하게 여겨지는 경우가 많다. 그렇다 보니 이들의 개체 수가 줄면 문제가 일어날 수도 있다는 생각조차 하지 못한다. 하지만 코스타리카에서 마리아테에게 의뢰했던 사람들 같은 농업 생산자들은 수분 매개자들이 부족할 수도 있다는 사실과, 그런 일이 일어날지 여부는 우리 인간이 수분 매개자들과 환경을 어떻게 관리하느냐에 달려 있다는 사실을 잘 알고 있다.

세계에는 약 30만 종의 꽃식물이 있는데, 정확한 비율은 알려지지 않았지만 그중 약 90퍼센트가 수분을 동물에게

의존한다. 나머지는 물이나 바람을 매개자로 이용하며, 몇몇 종은 자가수정을 하거나 무성생식을 하기도 한다. 물에 의한 꽃가루 운반은 사실상 지중해에서 자라는 해초인 포시도니아 칸타브리아에서 자라는 거머리말속과 같이 바다에 사는 소수의 꽃식물 종(조류와 혼동하면 안 된다)에서만 일어난다. 이 경우 일반적으로 실 모양을 띤, 꽃밥에서 떨어져 나온 꽃가루가 해류에 의해 암술머리까지 운반된다.

바람을 매개로 수정하는 풍매화는 이 경우보다 훨씬 더 흔한데, 경제적 가치가 큰 수많은 식물 종에 영향을 미친다. 허공으로 방출되어 바람에 의해 운반되는 꽃가루는 특정 목표 지점에 접근하는 특별한 메커니즘이 없기에 꽃가루 운반의 성공 여부는 무리 지어 사는 식물들이 꽃가루를 대량으로 생산할 수 있는지에 달려 있다. 이같이 공중으로 살포되는 대량의 꽃가루는 봄철 알레르기의 원인이 되는데, (곡류를 포함한) 많은 벼과 식물들, 소나무, 떡갈나무, 올리브나무 등의 특징이기도 하다. 해류나 기류와 같이 비생물 매개자에 의해 수분이 진행되는 식물의 꽃들은 수분 매개자의 관심을 끌 필요가 없기 때문에 일반적으로 눈에 잘 띄지 않을 뿐만 아니라 자기만의 독특한 색이나 향을 가질 필요도 없다. 꽃이 아름답고 향기가 강하다면, 그것은 수분을 매개할 수 있는 동물을 유인할 방법을 모색하기 때문이다.

오늘날 많은 식물 종은 수없이 많은 수분 매개자의 방문을 받는다. 이를 위해 식물은 매력적인 향기와 색으로 자기를 알린 다음 대가를 제시한다. 앞에서 이야기했던 것처럼 서로 주고받는 상업적 관계를 맺어야 하기 때문이다. 대체로 꽃가루 운반의 대가는 단백질이 풍부한 꽃가루와 당분이 많이 함유된 꿀이다. 매개자들이 꽃가루의 일부를 먹기 때문에 식물은 적정량 이상의 꽃가루를 생산해야 하는데, 이는 식물에게 그다지 큰 손해는 아니다. 반면에 화밀(꿀)은 단지 매력을 발산하고 대가를 치르는 기능만 하기 때문에 오로지 수분 매개자들을 만족시키기 위해 생산된다고 할 수 있다.

당연히 이런 매력 포인트와 대가로 치르는 보상은 자기에게 필요한 운반자의 기능에 따라 매우 다양하다. 예를 들어 벌에 의해 수정되는 꽃은 보편적으로 깊이가 얕고 노란색이나 파란색을 띠며, 많은 벌목 곤충이 감지할 수 있는 자외선 파장의 신호를 보낸다. 이와 달리 벌새와 같은 새들이 수분을 진행하는 꽃들은 보통 관 모양을 하고 있으며 붉은색이나 오렌지색을 띤다. 그리고 전자는 꽃가루와 꿀을 제공하는 반면에 후자는 다량의 꿀만 생산한다. 대형 선인장처럼 주로 박쥐를 유인하는 꽃은 대체로 향기롭고 흰색이나 밝은색을 띠며, 밤에 피고 낮에는 오므리고 있다.

모든 거래에서 그러하듯이, 여기서도 가끔 사기꾼이 나

타난다. 다양한 동물군에서 꿀 도둑들이 진화를 거듭하여 꽃가루와 접촉도 하지 않을 뿐만 아니라 결국 꽃가루를 다른 꽃으로 운반도 하지 않으면서 어떻게든(예를 들어 꽃의 꿀샘 혹은 꿀 저장고의 구조물을 뚫는 방식으로) 꿀만 얻어낸다. 이 경우 꽃이 기대하는 일은 전혀 하지 않으면서 꿀만 걷어가는 것이다. 물론 식물 중에도 사기꾼이 있다. 어떤 꽃은 썩은 고기 냄새를 풍겨 파리가 알을 낳으려고 몰려들었다가 속은 것을 깨닫고 같은 냄새를 풍기는 다른 꽃으로 옮겨가는 과정에서 꽃가루를 옮기게 한다. 꽃의 향기와 생김새가 특정 곤충의 암컷을 떠올리게 하여 짝짓기를 바라는 수컷이 자발적으로 접근하게 하는 경우도 있다. (실제로 짝짓기를 하는 경우도 많으며 사정을 하기도 한다.) 특히 난초에서 흔히 벌어지는 이런 상황에서, 식물은 큰 대가를 치르지 않고도 필요한 도움을 받을 수 있다.

많은 식물 종은 다양한 범주, 다양한 종의 수분 매개자들에 의해 수정될 수 있지만, 극도로 전문화된 사례도 존재한다. 예를 들어 다윈 난초 혹은 베들레헴의 난초라고 불리는, 마다가스카르에 서식하며 속임수를 쓰지 않는 난초가 진화

론자들 사이에서 상당한 명성을 누리고 있다. 이 난초는 폭이 약 15센티미터인 녹색 혹은 희끄무레한 색의 꽃을 피우는데, 밤에 아주 강한 향기를 내뿜는다. 이 꽃은 30센티미터나 되는 길고 좁은 관 모양의 꿀주머니를 가지고 있고 가장 깊은 곳에 꿀을 저장해놓는다. 다윈은 1862년에 이 난초를 받고서, 마다가스카르 곤충 중에 꿀에 접근할 수 있게끔(이 과정에서 난초의 수분이 이루어진다) 30센티미터 정도의 주둥이(나방의 혀)를 가진 나방이 분명히 존재할 것이라고 짐작했다.

  몇 년 후 자연선택 개념의 두 번째 아버지라고 할 수 있는 앨프리드 러셀 월리스가 다윈의 생각을 지지하며, 20센티미터 정도의 긴 주둥이를 가진 크산토판 모르가니 등이 속한 스핑크스군의 다양한 아프리카 나방에 주목했다. 그 역시 다윈과 마찬가지로 마다가스카르에는 더 많은 변종이 존재할 것이라는 의견을 냈다. 20세기 초, 이러한 변종이 발견되었고 '프라에딕타'*라는 이름이 붙여졌는데, 왜 그런 이름을 붙였는지는 쉽게 짐작할 수 있다. 십수 년 전 이 나방이 난초의 꿀주머니에 주둥이를 꽂고 꿀을 빠는 순간이 사진과 영상에 포착되었다.

---

*   '예언된'이라는 의미의 라틴어에서 유래했다.

이처럼 극단적으로 전문화된 사례는 많지 않지만, 단 하나의 종만이 식물의 수분을 담당하는 또 다른 놀라운 사례를 언급하지 않을 수 없다. 지중해 주변 산에 서식하는 부채야자다. 이에 대해 최근에 이루어진 가장 상세한 연구로는 나의 친한 친구이자 제자인 멕시코 출신의 미젤 하코메가 도냐나에서 박사 논문의 일환으로 수행한 연구를 들 수 있다. 부채야자의 수분 시스템은 '탁아 수분'으로 알려져 있다. 이런 이름이 붙은 이유는 식물이 수분 매개자에게 먹이라는 보상뿐만 아니라, 알을 낳을 장소, 즉 유충이 부화하고 성장할 수 있는 일종의 은신처를 제공하기 때문이다.

부채야자의 수분 매개자는 크기가 3~4밀리미터에 불과하고 주둥이 모양의 길쭉한 머리를 가진 작은 딱정벌레인 바구미로, '데렐로무스 카마에롭시스$_{Derelomus\ chamaeropsis}$'라는 학명으로 알려져 있다. 봄이 되면 부채야자 바구미는 식물 잎이 발산하는 향기에 끌려 수꽃이나 암꽃으로 향한다. 바구미는 꽃가루를 즐겨 먹을 뿐만 아니라 온몸에 칠갑한 다음, 한걸음에 먹이를 찾아 꽃과 꽃 사이를 옮겨가며 꽃가루를 나른다. 이와 동시에 바구미는 꽃차례 줄기에 알을 낳는다. (주로 수컷 꽃차례에 알을 낳지만, 100퍼센트는 아니다.) 그곳에서 부화한 유충은 겨울 내내 줄기 조직을 먹고 자라, 이듬해 봄이 되면 새로운 성충이 되어 날아간다. 예전에 일부 연구자들은 바람 역시 부채야자의 수분에 일정 정도의 역할을 한다고 주장했지만, 미겔은 바구미를 차단하면(예를 들어 암꽃을 촘촘한 그물로 감싸면) 열매가 맺히지 않는다는 사실을 실험으로 확인했다.

물론 이와 같은 극단적인 전문화의 경우, 식물과 수분 매개자는 상호 의존적인 관계를 맺고 있다. 한쪽의 운명은 다른 쪽의 운명과 연결되며 반대의 경우도 마찬가지다. 그러나 수분 매개자가 다양한 경우가 훨씬 더 흔하다. 생태계의 서비스에 대한 그레천 데일리의 책에 따르면, 1천여 종의 (당연히 잘 알려진) 재배식물에 대한 고전적인 연구에서는 바람에 의한 수분을 전체의 5퍼센트 정도로 본다. 대부분의 식물 종은 하나 이상의 매개자를 이용하기 때문에, 소수이긴 하지만 바람과 다양한 동물에게 모두 의존하는 식물 종도 있다. 하지만 앞에서 언급한 것처럼 대부분의 식물은 동물에 의해서만 수분이 된다.

딱정벌레는 5퍼센트 정도의 식물 수분에만 관여한다. 이는 새와 비슷한 비율이며 낮과 밤에 활동하는 나비보다는 약간 높다. 놀랍게도 박쥐는 재배식물 11퍼센트의 수분에, 다양한 파리는 19퍼센트의 수분에, 벌, 말벌, 개미를 포함한 벌목 곤충들은 96퍼센트의 수분에 관여한다. 이처럼 높은 수치는 꿀벌이 작물 수분에서 가장 중요한 역할을 맡고 있다는 사실을 보여주는 것 같지만, 실제로는 그리 단순한 문제가 아니다. 앞서 인용한 연구에 따르면, 다양한 종의 말벌이 5퍼센트, 꿀벌이 13퍼센트, 다양한 야생종 벌(2만여 종이 존재한다)이 83퍼센트를 맡고 있다. 일반적으로 벌은 다른 곤충에 비해 꽃을 방문하는 빈도가 떨어지지만, 꽃가루를 운반하는 데는 훨씬 더 효과적이다. 또한 예상대로 야생식물의 수분에서 꿀벌 이외의 다른 종이 맡는 역할은 재배식물의 경우보다 상대적으로 훨씬 더 큰 것으로 나타났다.

수분 매개자의 개체 수가 많고 다양하면 수확물이 풍성해지고 품질이 향상된다. 다양한 종의 운반자가 있으면 단일 종의 운반자가 아무리 효율성이 뛰어나다고 해도 이보다 더 많은 장소에서(일부는 나무의 높은 곳에서, 일부는 나무의 낮은 곳에서), 하루 중 더 많은 시간 동안(일부는 해질녘에, 일부는 해가 중천에 있을 때), 그리고 1년 중 더 많은 주에 일함으로써 꽃가루를 더 많이 모으고 저장할 수 있다. 게다가 서로 다른 종들은 기상이나 여타 이유로 개체 수가 상대적으로 달라졌을 때, 각자 다른 해에 가장 중요한 수분 매개자로 활동함으로써 서로를 보완할 수 있다. 그러므로 도냐나 연구소의 나초 바르

토메우스를 비롯한 다른 동료들이 잘 보여줬듯이, 최고의 다양성은 토착 수분 매개자의 효과가 단순한 보완에 그치지 않고 꿀벌이 주는 효과에 부가되는 것이라고 해석할 수 있다. 다시 말해 아무리 벌의 개체 수가 증가해도 착과율은 일정 수준 이상으로 증가하지 않지만, 다른 수분 매개자의 방문이 이루어지면 확실히 증가하는 것을 볼 수 있다. 최근 나초는 훨씬 더 중요한 사실을 증명했다. 수분 매개자의 다양성이 증가하면 지구온난화로 인해 점차 앞당겨지고 있는 재배작물의 개화 시기와 꽃의 수정에 관여하는 곤충들의 활동이 동기화된다는 것이다.

수천 년 동안 과일과 채소 생산자들은(그리고 소비자들은) 야생의 수분 매개자들이 무상으로 주는 혜택과 집에서 꿀을 얻기 위해 기르는 꿀벌이 주는 혜택을 누려왔다. 반세기 전만 해도 이는 너무나 당연한 일로 여겨졌다. 그래서 1980년대에 캘리포니아 여행에서 양봉업자들이 자기가 기르는 꿀벌의 노고를 소개하는 광고를 보고 놀란 적이 있다. 양봉업자들은 단순한 꿀 생산자(최소한 이것이 가장 중요하고 유일한 목적은 아니었다)가 아니라 최고의 입찰자들에게 엄청난 벌떼를 제공하여 벌이 농작물의 수분을 돕게 해주었다. 많은 작물 재배자가 비용을 내고 이런 수분 서비스를 빌려야 했다. 당시에 캘리포니아 사람들은 '자신들이 보았던 가장 큰 아몬드 재배지'를 우리에게 자랑스럽게 보여주었다. (참고로 그 아몬드 밭이 우리의 관심을 끈 것은 그다지 좋은 이유 때문은 아니었다.) 광활한 단일 작물 재배 환경에서는 야생의 수분 매개자가 살 수 없기에, 개화기가 되면 그곳으로 이동식 벌통을 모셔오기 위해 양봉업자들과 계약을 맺어야 했다.

미국에서는 이러한 추세가 점점 더 심화되어 결국 수분 사업이라는 말이 나올 정도가 되었다. 초기에는 양봉업자들이 벌통을 소형 화물차에 싣고 비교적 짧은 거리를 달려갔지만, 오늘날에는 종종 대형 트럭을 동원하여 북미 대륙 전체를 누비고 다닌다. 벌들은 블루베리와 사과나무의 수분을 위해 북동부로 갔다가, 레몬을 위해 다시 남부로 가기도 하고, 아몬드를 위해 서부로 가기도 한다. 그뿐만이 아니다. 필요로 하는 경작지가 없으면 꿀을 생산하기 위해 목초지나 알팔파밭으로 이동하기도 하고, 번식 속도를 높이기 위해 따뜻한 곳으로 옮겨가기도 한다.

캘리포니아 센트럴밸리에서는 전 세계에서 거래되는 아몬드의 80퍼센트가 생산되는데, 적정 수확량을 달성하기 위해 사람들이 기르는 벌에 전적으로 의존하고 있다. 농장주들은 1헥타르당 평균 5개의 벌통을 임대하는데, 전통적으로 정확하게 밸런타인데이(2월 14일)에 벌통을 설치하여 한 달 동안 제자리에 놔둔다. (이를 양봉업계의 슈퍼볼이라고 한다.)

2020년 이 지역의 아몬드 재배 면적은 50만 헥타르에 달했는데(2008년의 두 배), 이는 아몬드나무 수분에 250만 개의 벌통과 300억 마리의 벌이 필요하다는 것을 의미한다. (참고로 여기에 필요한 비용은 5억 달러에 달한다.) 이 수치는 이미 최대 한계치에 근접했으며, 농민들은 꿀벌이 전 세계 많은 지역에서 네오니코티노이드 살충제, 바로아 진드기, 노제마 세라네 균류, 다양한 바이러스, 기후변화 등으로 인해 어려움을 겪고 있음을 고려한다면(벌집 붕괴 증후군 이야기가 나오는 상황이다) 앞으로 곤충의 수요가 공급을 크게 초과할 것이라고 우려하고 있다.

    살충제를 살포할 밭에서 멀리 떨어진 곳으로 많은 벌통이 옮겨졌지만, 미국에서는 (레이첼 카슨이 『침묵의 봄』에서 고발했던 유기염소계를 대체한) 유기인산염계 제품들에 의한 꿀벌의 중독이 직접적인 손실을 초래한 것으로 나타나고 있다. (야생의 수분 매개자들의 피해는 더 심각할 것이다. 1980년 살충제로 인한 수분 감소로 전국에서 연간 1억 3,500만 달러의 손해를 입은 것으로 추산되었다.) 벌통의 이동이나, 가장 집약적으로 이루어지고 있는 벌통의 관리 역시 도움이 되지 않는다. 예를 들어 대규모의 단일 작물 재배 농장을 이동하는 벌들은 한 달 동안 플로리다의 멜론 농장에서, 그다음에는 차례로 캘리포니아의 아몬드 농장, 펜실베이니아나 메인의 사과와 블루베리 농장, 해

바라기와 유채꽃 농장에서만 먹이를 구할 수 있다. 이런 곳들에는 특정 꽃들만 존재하며, 다른 꽃은 제초제나 여타 기계적인 수단으로 제거된다. 이 분야 전문가인 데이브 굴슨은 익살스럽게 말했다. "벌들에게 단일 식단을 제공하는 것이 얼마나 해로울지 과학적으로 증명하긴 어렵지만, 어떤 사람이 한 달은 정어리만 먹다가, 다음 달엔 초콜릿만 먹고, 그다음 달엔 무만 먹는다면 그리 좋진 않을 겁니다."

앞서 이야기한 증후군이나 여타 이유로 최근 수십 년 동안 유럽과 북미에서 벌통의 수가 감소한 것으로 보인다. 통계에 따르면 1985년부터 2005년 사이에 중부 유럽에서 25퍼센트가 감소했고, 1961년부터 2008년 사이에 북미에서는 무려 59퍼센트가 감소했다. 그런데도 1961년부터 2008년 사이에 전 지구적으로는 대략 45퍼센트가 증가했는데, 이는 중국이나 아르헨티나와 같은 나라에서 엄청나게 증가했기 때문이다. 같은 기간 동안 수분 매개자가 필요한 농경지는 300퍼센트 증가했다. 다른 말로 하면 벌의 공급이 농부들의 수요보다 훨씬 느리게 증가하고 있어 식량 안보(가까운 미래에 모든 사람을 위해 충분한 식량을 생산할 수 있다는 보장)에 대한 불안

감이 커지고 있다. 여기에 양봉업자들의 근심 또한 더해지고 있다. 자신의 직업이 위험에 처해 있음을 자주 느끼는 것이다. 그 결과 꿀벌 보전에 대한 관심을 요구하는 목소리가 점차 커지고 있다. 노르웨이의 마야 룬데는 이 같은 위기를 소재로 『벌들의 역사』라는 소설을 쓰기도 했다.

이 소설에 대한 스포일러가 되지 않는 선에서, 세 가지 허구, 즉 과거와 현재 그리고 미래에 일어날 일이 담겨 있다는 것을 살짝 밝히고자 한다. (SF 소설로도 분류되지만, 충분히 있을 법한 이야기다.) 19세기 중반 영국의 종묘상이자 대가족의 아버지인 윌리엄은 자신의 우울증과 열등감에서 벗어나기 위해, 분리와 교체가 가능한 벌집틀로 이루어진 현대식 벌통을 설계하고 다듬는 데 힘쓴다. 실제로 이 발명품은 곤충들(벌)의 가축화 과정에서 결정적인 전환점을 만들게 된다. 21세기 초에 미국의 양봉가인 조지는 매년 가족과 함께 벌통을 가지고 전국을 돌아다니며 작물의 수분을 돕는데, 양봉이라는 직업에 대한 아들의 폄하와 꿀벌의 질병과 위기로 인해 엄청난 고통을 받는다. 거의 1세기 후, 중국의 타오와 그녀의 가족들은 수분 매개자가 사라진 세계에서 무너져버린 사회의 구성원으로 살아간다. 그녀는 국가를 위해 직접 깃털로 만든 솔을 이용해 과일나무 수분을 해주는 일을 해야 한다. (사실 지금도 중국의 일부 지역에서 이런 일이 행해지고 있다.) 물론 이외에도 더 많은 이야기가 담겨 있지만(부모와 자식의 관계, 삶과 죽음, 공존과 고독 등), 처음 두 이야기는 주로 벌을 훈련시켜 더 많은 이익을 얻는 방법을 다루고 있다. 첫 번째 이야기에서는 꿀에 대해, 두 번째 이야기에서는 수분이라는 서비스를 다룬다. 그런데 세 번째 이야기에서는 꿀벌 없이 어렵게 살아가는 상황을 다룬다. 어떤 면에서 작가는 인간이 벌뿐만 아니라 전체 자연과 맺어온 관계가 얼마나 파괴적으로 흘러가는지를 집약해서 보여주고 있다.

작물의 수정을 위해 꿀벌에 의존하는 것은 주로 북미 지역의 문제다. 마야 룬데가 이야기했듯이(실제로 훗날 인터뷰에서 그녀는 야생종의 역할을 무척 강조했다), 꿀벌을 보편적인 수분 매개자로 지나치게 강조하는 것은 잘못되었다. 예를 들어 아인슈타인의 말이라고 자주 거론되는 문장이 있다. "(벌이 사라졌을 때) 인간은 4년밖에 살 수 없을 것이다. 벌이 없으면 수분도 불가능하고, 풀도 동물도 인간도 존재할 수 없다"라는 문장이다. 사실 아인슈타인은 살아가는 동안 몇 차례 벌에 대해 언급한 적은 있지만, 이 말은 한 적이 없다. (이 발언은 1994년 벨기에에서 열린 양봉업자들의 시위에서 나온 것이다. 그런데 어떤 약삭빠른 사람이 이 발언을 아인슈타인의 말로 돌리면 훨씬 신뢰받을 거라고 생각한 것 같다.) 꿀벌은 이미 집에서 기르는 동물이 되었으며, 꿀벌을 대규모로 증식하는 방법도 알려져 있기에(필요할 때 인위적으로 먹을 것과 쉴 곳을 제공하면 된다. 그리고 오늘날에는 건강한 벌집을 2개로 나눈 다음 인터넷에서 여왕벌을 구입해 추가하는 방법도 있다), 당연히 이런 문제를 극복하고 살아남을 것으로 예상된다.

분명한 것은 우리가 친숙한 꿀벌을 수분 매개자의 보전과 관련된 상징적인 동물로 만드는 심각한 오류를 저지르고 있다는 점이다. 버몬트 대학교의 생태학자인 서맨사 알저가 이야기했듯이, 이는 조류 보전의 상징으로 닭을 사용하는 것과 같다. 곤충이 (특히) 수분에서 얼마나 중요한지 사람들에게 널리 알리기 위해 벌의 좋은 평판을 이용할 수 있고 또 그렇게 하는 것이 바람직하긴 하다. 그러나 여타 모든 가축과 마찬가지로 꿀벌도 지나치게 개체 수가 많아지면 문제를 일으킬 수 있다는 점을 잊어서는 안 된다.

모순으로 보일 수도 있지만, 꿀벌의 개체 수가 늘면, 특히 야생식물의 수분이 줄어들 수도 있다. 사람들이 기르는 벌은 야생에서 살아가는 벌들에게 질병을 옮길 수도 있고, 그들에게서 자원을 빼앗기도 한다. 매년 수천 개의 벌통이 규칙적으로 이동하면서 병에 걸린 벌들이 그 지역의 꽃과 벌에 병을 옮긴다. 게다가 유럽과 미국의 많은 도시에서는 도시 양봉이 크게 유행하고 있다. 자연보호에 관심 있는 기업이나 개인이 선의로 발코니나 옥상에 벌통을 설치한다. 그러나 도시엔 꽃이 많지 않고 사람들이 기르는 벌들의 침입으로 인해 야생종들(호박벌, 단독벌, 파리)은 먹이를 잃고 멸종 위기에 내몰리고 있다. 이런 문제는 (비단 도시뿐만 아니라) 농촌에서도 일어난다. 몇 년 전 동료이자 친구인 카를로스 에레라는 최근 반세기 동안 지중해 연안의 야생 및 재배 작물의 수분에서 사람들이 기르는 벌이 야생 벌을 대체하는 일이 벌어지고 있다고 이야기했다. 다시 말해 꿀벌에 대한 의존도가 높아질수록 토종 수분 매개자의 개체 수는 줄어드는 것이다. 놀랄지도 모르겠지만, 어쩌면 이런 이유에서 일부 과학자들은 꿀벌을 진정한 의미의 해충으로 간주하기도 한다. (오늘날 사람들이 기르는 벌은 남극을 제외한 전 세계에 존재한다. 이 벌들은 아프리카에서 유래했다고 알려져 있는데, 유럽과 아시아에는 이미 수천 년 전에 유입되었다. 알려진 바에 따르면 아메리카 대륙에서는 17세기에, 오스트레일리아와 뉴질랜드에서는 19세기 초에 벌통을 볼 수 있었다.)

전 세계 대부분의 지역에서 수분은 야생 곤충의 몫이다. 게다가 꿀벌이 언제나 이 일을 잘 수행하는 것도 아니다. 캘리포니아 해안에서 수행된 최근 연구에 따르면, 사람들이 기르는 벌들만 찾는 꽃은 딸기가 잘 열리지 않는 일이 빈번하게 발생했지만, 토종 수분 매개자가 방문하는 꽃은 그렇지 않았다고 한다. (다양한 환경에서 거의 언제나 그랬다.) 연구진들은 꿀벌이 보통 딸기꽃의 윗부분에만 머무는 경향이 있는 반면에, 토종벌은 꽃받침의 밑부분까지 가는 경우가 많아 완전한 수분이 이루어지고 그 결과 열매가 더 잘 맺힌다고 지적했다. 앞에서 언급했던 호박벌에 대해 『벌침』이라는 재미있는 책을 쓴 작가 데이브 굴슨은 호박벌은 "유럽, 중국, 북미에서 가장 중요한 야생 수분 매개자이며, 호박벌이 없으면 많은 식물이 씨앗을 맺을 수 없다"라고 이야기했다. 벌 종의 대부분을 차지하며 벌집을 만들지도 않고 꿀을 생산하지도 않으면서 단독 생활을 하는 벌 역시 중요한 수분 매개자다. 꽃등에와 같은 여타 그룹, 예를 들어 벌이나 말벌과 유사한 생김새를 가진 쌍시목에 속하는 (말하자면 파리 같은) 곤충들 역시 꿀을 빨고 수분을 한다. 카카오나무 꽃은 몇 밀리미터밖에 되지 않는 모기에 의해 수분이 된다. 우리는 앞에서 딱정벌레에 대해 이야기했지만, 아직 우리가 지켜볼 수 없는 어둠 속에서 수분하는 스핑크스 나방을 비롯한 나방에 대해서는 많이 다루지 못했다.

전통적으로 경작지 규모가 작고 산울타리나 버려진 땅이 많은 유럽에서는 과수나무의 수분 대부분을 야생종들이 맡고 있다. 그런데 수분 매개자들이 감소하고 있을 뿐만 아니라 일부 종들은 매우 빠르게 감소하고 있다는 것은 나쁜 소식이 아닐 수 없다. 사람들이 기르는 벌들과 마찬가지로 야생벌들도 살충제와 질병 문제를 겪고 있을뿐더러, 특히 농업과 전반적인 자연경관의 급격한 변화로 엄청난 영향을 받고 있다. 지난 70년 동안 지구 전체에서 들풀의 다양성이 대략 50퍼센트 감소했다고 추산되는데, 일반적으로 이 들풀이야말로 벌들에게 쉴 곳을 제공하고 꽃가루와 꿀을 가진 꽃차례를 만들어낸다. 따라서 우리가 도시에서 양봉을 하는 것보다는 길가와 공터에 꽃을 심고 식물을 존중하는 것이 더 낫다.

생물다양성 및 생태계 서비스에 관한 정부 간 패널 IPBES (기후변화를 평가하는 유명한 기구인 IPCC와 유사하다)이 2016년에 발간한 수분 매개자 보고서에서는 수분 매개자가 농업에 기여하는 바가 매년 5,770억 달러에 이를 수 있다고 이야기한다. 그리고 비록 자료가 부족하긴 하지만 유럽에서는 야생벌 종의 40퍼센트가 위기에 처해 있다고 밝혔다. 2019년에는 한 걸음 더 나아가 "수분 매개자의 다양성 감소로 인해 전 세계 식량 작물의 75퍼센트 이상이 위기에 처해 있다"라고 적시했다. 하지만 실제 상황은 더 심각하다. 이들에게 의존하는 식물과 동물 종의 대다수가 생존 자체를 위협받고 있기 때문이다. 다른 말로 하면 자연 전체가 위기에 처한 것이다.

그리고 더욱 심각한 것은, 수분 매개자뿐만 아니라 곤충 전체가 문제라는 점이다. 자신이 만들었다는 것을 부정하긴 했지만, '생물다양성'이라는 신조어의 대부 격인 에드워드 윌슨은 거의 40년 전에 곤충들(사실상 모든 무척추동물)이야말로 "작지만, 이 세계를 돌아가게 하는 존재들"이라고 이야기했다. 그는 알려진 생명체 대다수가 곤충, 특히 딱정벌레라는 사실을 환기했다. 열대림 1헥타르당 조류나 포유류는 수십 마리밖에 되지 않지만 무척추동물은 수십억 마리에 달한다는 것이다. 그리고 잎꾼개미 한 마리가 소 한 마리보다 매일 더 많은 풀과 잎사귀를 모은다. 한마디로 그는 작은 무척추동물이 크고 눈에 확 들어오는 호랑이나 판다보다 생태계 보전에 훨씬 더 중요하다는 사실을 거듭 강조했다. 그런데 이들이 멸종되고 있다.

많은 독자는 불과 몇 년 전에도 여름철만 되면 차를 세우고 앞 유리창에 부딪혀 죽은 곤충들을 치워야 했던 기억이 있을 것이다. 그런데 최근엔 이런 일도 잘 일어나지 않는다. 덴마크의 조류학자인 아네르스 묄레르는 1997년부터 2017년까지 인내심을 가지고 도로 두 구간을 반복적으로 시속 60킬로미터로 운전하며 매번 앞 유리창에 부딪히는 곤충의 수를 헤아려봤다. 20년간 감소율이 80~97퍼센트에 달했다. 다른 연구에서도 이와 같은 추세가 잘 나타났으며, 전 세계 곤충 수가 매년 2.5퍼센트씩 감소하는 것으로 추산되었다. 데이브 굴슨은 『침묵의 지구: 당신의 눈앞에서 펼쳐지는 가장 작은 종말들』이라는 제목의 충격적인 책을 냈다. 여기서 그는 "만약 곤충이 존재하지 않는다면 지구상의 대다수 생명체는 사라질 것이다. 만일 살아남은 인간이 존재한다면, 그들 역시 행복한 시간은 보내지 못할 것이다"라고 이야기했다. 딱정벌레, 말벌, 파리가 가끔 귀찮은 존재인 것은 맞지만, 이들을 마땅히 인정해야 한다는 사실을 아직도 의심하는 사람이 있는지 모르겠다. 더는 따질 필요가 없다. 이 일은 이미 결론이 난 셈이니까.

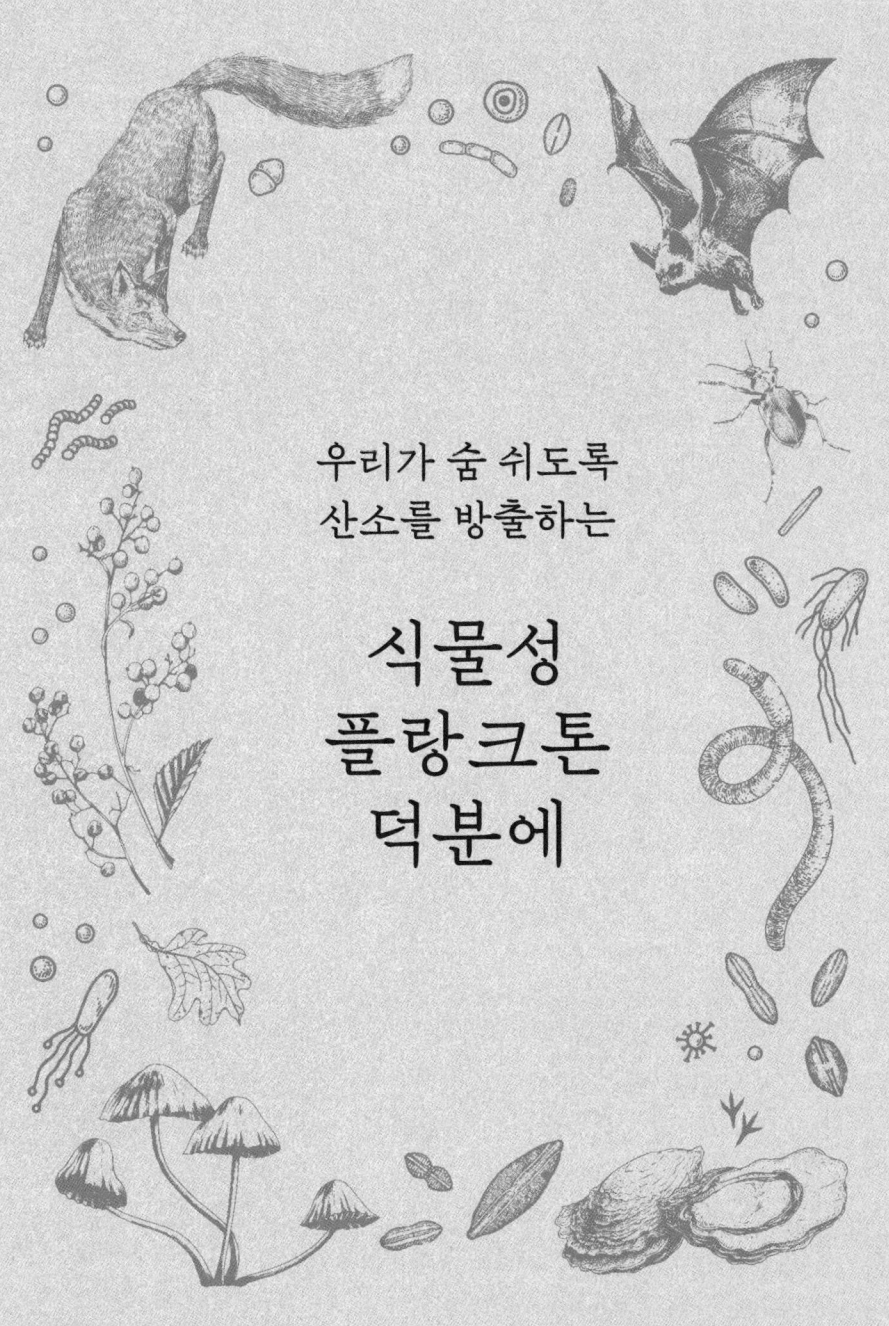

우리가 숨 쉬도록
산소를 방출하는

식물성
플랑크톤
덕분에

너무 추위에 떤 나머지 지옥에 가서라도 온기를 얻고 싶었던 남자 이야기를 아는지 모르겠다. 악마가 새로운 죄수를 받기 위해 덧문을 열 때마다 "문 좀 닫아요. 바람 들어와요!"라고 투덜댔던 그 남자 말이다. 어렸을 적 우리 집에선 이런 순수하면서도 비현실적인 농담(힐라*의 농담이었을지도 모른다)을 즐기곤 했다. 서커스에서 있었던 또 다른 일이 생각난다. 키도 크고 아주 건장한 근육질의 남자가 관객들에게 자신의 가슴 근육이 얼마나 멋진지 보여주려고 숨을 길고 깊게 들이

---

*　　미겔 힐라는 스페인의 전설적인 코미디언이자 풍자 작가다.

켰다. 그러자 객석에서 다소 불안한 듯한 작은 목소리가 들려왔다. "숨 좀 쉬지. 우리까지 숨이 다 막히네!" 우리는 이 황당한 조롱을 듣고 우리가 이렇게 공기를 많이 쓰는데도 공기는 왜 고갈되지 않을까 하는 의문이 들 수 있다. 숨을 들이마신 후에 얼른 내쉬기 때문에 그렇다고 말하는 사람도 있을 것이다. 그러나 이런 설명은 너무 단순해서 통하지 않는다는 사실을 여러분도 잘 알 것이다. 우리는 산소가 많이 포함된 공기를 마신다. 산소는 대기의 21퍼센트를 차지하고 있다. (나머지 대부분은 질소다.) 하지만 날숨에는 이와 달리 이산화탄소가 많이 들어 있다. 사실 호흡이란 것은 대부분의 생명체가 주변 환경(대기 또는 물)에서 산소를 받아들이고 이산화탄소를 내뱉는 과정을 의미한다. 그런데 왜 이런 일이 일어나고, 이런 일은 왜 우리에게 필수적인 걸까?

세포 차원에서 산소는 당을 산화(연소)시켜 그 결과물로 물과 이산화탄소를 만들 뿐만 아니라 이를 통해 신진대사에 필요한 에너지를 제공한다. 동물, 식물, 거의 모든 균류 그리고 많은 박테리아는 성장하고 살아가기 위해 우리가 숨 쉬는 산소를 활용한다. (그래서 우리는 '의무 호기성 생물'이라는 이름을 얻었다. 반대로 산소 없이도 살 수 있는 생물은 '혐기성 생물'이라고 한다.) 이는 수백 년 동안, 어쩌면 수천 년, 수백만 년 동안 이어져왔다. 이런 관점에서 본다면 대기 중의 산소가 왜 아직도 고

우리가 숨 쉬도록 산소를 방출하는

갈되지 않았는지 묻는 것이 타당할 수도 있다. 답은 간단하다. 식물, 조류, 일부 박테리아 같은 생명체가 광합성을 통해 (화합물로부터) 산소를 분리하여 공기 중으로 방출하기 때문이다. 그런 의미에서 광합성은 많은 점에서 호흡의 거울과 같은 과정이라고 할 수 있다. 산소를 생산하는 광합성(다른 유형도 있다)은 기본적으로 엽록소라는 색소를 통해 햇빛 에너지를 잡아, 이를 수소와 산소로 구성된 물 분자를 분해할 수 있는 화학 에너지로 변환하는 과정이다. 이때 수소는 이산화탄소와 결합하여 유기물을 생성하고, 남는 산소는 부산물로 배출된다. 그러므로 우리는 광합성을 하는 생물 덕분에 살아갈 수 있는 것이다.

2019년 여름, 에마뉘엘 마크롱 프랑스 대통령은 브라질 열대우림에 대한 보우소나루 대통령의 황당한 정책에 우려를 표하면서, 아마존은 "지구의 허파와 같아서 이산화탄소의 14퍼센트를 흡수하고 우리가 숨 쉬는 산소의 20퍼센트를 생산"하기에 전 인류에게 절대적으로 필요하다는 선의의 트윗을 2개나 날렸다. 축구 선수 크리스티아누 호날두나 영화배우 레오나르도 디카프리오와 같이 대중에게 커다란 영향

력을 행사하는 유명 인사들도 이에 동감을 표했고, 많은 과학자들 역시 이런 우려를 함께 나누며 엄청나게 걱정하고 있다. 지구상에서 가장 풍부한 생물다양성을 보유하고 있고, 탄소 저장소와 기후 조절 역할을 맡고 있는 열대우림을 보호해야 하는 다양하고 중요한 이유가 차고 넘친다는 것은 의심할 여지가 없다. 사실 이런 이야기가 널리 퍼져 있고, 우리 역시 언젠가 그런 이야기를 했을 수도 있다. 하지만 이런 표현이 나름대로 의미는 있지만, 아마존 열대우림이 지구의 허파는 아니다.

아마존 열대우림은 전 지구에서 광합성을 통해 대기 중으로 방출되는 산소의 약 6퍼센트를 방출하지만, 이를 호흡을 통해 자체적으로 (모든 생명체와 함께) 다 소비한다. 최근 수십 년 동안 산림 벌채의 속도가 점점 빨라지고 있는 탓에 아마존 열대우림은 흡수한 만큼의 탄소를 다시 대기 중에 방출하고 있다. 사실 대기 중의 산소 대부분은 바다에서 오며, 그렇기에 수백만 년 동안 우리가 호흡하기에 충분했다고 이야기할 수 있다. 카이사르의 것은 카이사르에게 돌려야 하듯이, 필수적인 산소가 공급되는 지구에서 태어난 우리가 일 순위로 감사해야 할 것이 있다면, 그것은 해양 식물성 플랑크톤을 구성하는 남조류(예전에는 청록조류라고 불렀다)와 여타 광합성 유기물이다.

광합성을 하는 생물은 말하자면 단 한 방에 세 가지를 잡는 셈인데, 이 세 가지 모두 우리에게 큰 영향을 미친다. 앞서 이야기했듯이, 한편으로는 우리가 호흡하는 데 필요한 산소를 방출한다. 다른 한편으로는 자기가 쓸 생체 물질에 더해 우리를 포함한 다른 모두가 함께 쓸 생체 물질도 만든다. 따라서 이들을 1차 생산자라고 부른다. (여타 동물과 마찬가지로 우리 인간도 종속영양생물로, 이는 다른 생물이 생산한 유기물을 섭취해야 한다는 것을 의미한다.) 결론적으로 이들은 이를 위해, 온실 효과를 정도 이상으로 유발하여 지구온난화를 초래하는 기체인 이산화탄소를 끌어모은다. 시간의 흐름에 따라 대기의 기체 구성이 변하고, 인간을 포함한 복잡한 생명체의 진화에서 주요한 변화가 일어난 것은 광합성을 하는 생물 덕분에 가능했다.

우리는 지구가 언제나 오늘날과 비슷한 모습이었을 거라고 생각하는 경향이 있다. 그러나 지구 역사의 거의 절반에 해당하는 20억 년 동안은 대기에 산소가 없었기에 산소를 호흡해야 하는 생물에게 지구는 호의적인 환경이 아니었다. 오염 물질로 등장했던 산소는 당시까지만 해도 지배종이었던 혐기성 생물인 세균들을 한쪽 구석으로(퇴적물의 내부와 인간을 포함한 많은 동물의 내장으로) 추방했다. 이 과정은 바로 우리 같은 생명체가 환경을 만들어낸다는 사실을, 그리고 우리가 무의식적으로든 의식적으로든 환경을 변화시켜 결과적으로 우리 자신에게 얼마나 큰 손해를 입히고 있는지를 다른 무엇보다 여실히 보여준다.

물론 지금보다는 규모가 작지만 지구 대기에 산소가 대규모로 출현한 '대산화 사건', 즉 '산소 혁명'은 24억 년 전에 발생했다. 이 산소에서 출발하여 오존층(정확하게 3개의 산소 원자로 구성된 분자)이 형성되었고, 이는 자외선으로부터 지구 표면을 보호해주었다. 그 결과 생명체들이 육지를 정복할 수 있는 길이 열렸다. 그리고 진화의 결과로 호흡이 나타날 수 있었다. 물론 누구나 짐작했겠지만, 호흡은 자유 산소가 존재할 때 비로소 가능했기에, 광합성보다 뒤에 호흡이 나타났다. 호흡과 함께 좀 더 빠르고 효율적인 신진대사를 하는 생명체들이 진화하기 시작했다. 처음에는 세포 안에 소기관과 분화된 핵만 가진 생명체인 진핵생물이 나타났고(「미생물 덕분에」를 보라), 그 후에 큰 몸집과 전문화된 조직을 가진 다세포동물로 진화했다.

최근의 연구는 대기 중의 자유 산소가 전적으로 지질학적 과정을 거쳐 형성되었을 가능성을 제기하고 있다. 물을 함유한 광물이 지구의 철심에 도달하면, 높은 압력과 온도(실험상 일상적인 압력의 100만 배와 섭씨 2,000도)라는 조건하에, 지구 핵과 맨틀의 경계에서 대규모 산화철이 형성될 수 있다. 중국계 미국인 지질학자 호광 마오는 특정 상황에서 이런 형태로 저장된 산소가 임계점에 도달하면 대산화 사건과 유사하게 대량의 가스 방출이 일어날 수 있다고 주장했다. 모든 새로운 아이디어가 그렇듯이, 이 역시 굉장히 흥미롭긴 하다. 그러나 대다수 과학자는 이러한 산화의 주역이 앞서 언급한 작은 생물인 남조류라고 생각하고 있다. 남조류는 오늘날 모든 호수와 바다에서 식물성 플랑크톤의 일부를 구성하고 있다. 바로 이 남조류가 광합성을 발명한 것이다.

이 이야기는 오랫동안 잘못된 방식으로 전해졌을 것이다. 어떤 종류의 남조류는 이 지구에서 거의 생명의 역사가 시작될 때부터, 즉 35억 년 전부터 존재했다. (이 중 일부는 탄산염 입자를 포획한 다음 이를 고정해 오늘날에도 계속 형성되는 독특한 둥근 암석 구조인 스트로마톨라이트를 만들었는데, 이는 생명체 활동에 대한 가장 오래된 화석 증거물 중 하나다.) 우리는 느리긴 하지만 끊임없이 이루어진 남조류의 산소 방출이 점차 (5억 년에서

15억 년에 걸쳐) 대산화 사건을 초래했다고 보았다. 그러나 지질학자들은 이 과정이 점진적으로 이루어진 것이 아니라 (그들의 관점에서는) 갑작스레 일어났다고 이야기한다. 산소는 남조류가 산소를 방출했다고 추정되는 때보다 훨씬 더 나중에 대기 중에 나타났는데 그 이유를 설명하기 위해 다양한 가설이 나왔다. 바다가 반응성이 매우 높은(다른 물질과 쉽게 섞이는) 물질인 산소를 흡수하여 대규모 산화철 퇴적물 형태로 붙잡아놓았을 가능성이 있는데, 그중 일부를 우리가 광물로 채굴하여 사용하는 것이다. 혹은 자유 산소가 화산가스와 반응하여 중화되었을 가능성도 있다. 몇 년 전 오스트레일리아의 로셀 수와 동료들은 『사이언스』에 지질학적 활동이 아니라 생물학적 활동에 기반한 매우 독특하면서도 흥미로운 가설을 제시했다. 물리 화학적 환경이 변한 것이 아니라, 남조류 자체가 변했다는 것이다. 다시 말해 초기 남조류는 산소를 방출하지 않았는데, 이후에 햇빛 에너지를 활용하여 이산화탄소를 흡수하고 산소를 방출하는 방법을 익히게 된 것은 다른 생명체로부터 유전자를 '도둑질한' 덕이라는 것이다.

로셀 수가 이끄는 연구팀은 원시 남조류의 유전체를 부분적으로 시퀀싱했지만, 빛 에너지를 화학 에너지로 변환할 수 있는 유전자의 흔적을 찾지 못했다. 이를 통해 모든 남조류의 공통 조상은 광합성을 할 수 없었는데, 아마 측면 유전자 이동을 통해(다시 말해 물려받지 않고 다른 박테리아의 유전체로부터 전이된 유전자로 인해) 옥시포토박테리아라는 대규모 집단에서 광합성이 가능해졌을 것으로 추론한다. 연구팀은 여기에 덧붙여 "우리가 말할 수 있는 유일한 것은 산소를 생산하는 광합성이 박테리아의 역사에서 상대적으로 늦게 출현했다는 것이다"라고 이야기했다. 그들은 이 같은 옥시포토박테리아의 출현 시기를 25억~26억 년 전, 즉 대산화 사건 직전으로 추정한다. 이런 사실은 세상을 바꾼 전이된 유전자가 어디에서 왔는가에 대한 호기심을 불러일으킨다. 『엘 파이스』의 하비에르 삼페드로 기자는 이 글을 썼던 공저자 중 한 사람인 우드워드 피셔에게 몇 가지 질문을 던졌다. 피셔는 아직 정확한 답은 알 수 없다고 했다. 하지만 "산소를 생산하진 못하지만 일종의 광합성을 할 수 있었던 여타 주요 박테리아군 중 하나가 유전자를 건네줬고, 이를 받아들인 남조류가 여기에 물을 분해하여 산소를 방출하는 능력을 더해 신진대사를 한 차원 더 끌어올렸을 것"이라는 그의 생각은 상당히 매력적이다.

    남조류는 전통적으로 식물성 플랑크톤의 매우 중요한 부분으로 간주되었다. 식물성 플랑크톤Phytoplankton이라는 단어는 그리스어에서 유래했는데, 구체적으로 살펴보면 '식물'을 의미하는 'Phyton'과 '떠돌아다닌다'는 의미의 'planktos'의

합성어다. 따라서 문자 그대로 해석하면 조류에 따라 닥치는 대로 떠돌아다니는 식물을 의미한다. 그러나 오늘날 우리는 박테리아가 식물이 아니라는 사실을 잘 알고 있으므로 보다 정확한 표현을 사용한다면 박테리오플랑크톤이라고 해야 할 것이다. 하지만 옛날부터 광합성을 통해(물론 식물도 광합성을 한다) 자체적으로 유기물을 생산할 수 있는 능력을 갖춘 모든 플랑크톤 종을 가리키는 데 식물성 플랑크톤이라는 단어가 사용되어왔고 지금도 여전히 사용되고 있다. 반면에 동물성 플랑크톤이라는 단어는 동물과의 유사성에 기초하여, 다른 생물이나 그 잔해를 섭취해야 하는 플랑크톤 종을 가리킬 때 사용된다. 대부분의 플랑크톤은 현미경으로나 볼 수 있을 정도로 아주 미세하거나 작지만, 엄밀히 말하면 모자반과 같은 일부 조류는 엄청나게 큰데도 떠다니기 때문에 식물성 플랑크톤으로 간주될 만한 조건을 갖추고 있다. 놀랍게도 식물성 플랑크톤 중 가장 풍부한 일부는 아주 중요한 기능을 맡고 있지만 얼마 전까지도 알려지지 않았었다.

지구 표면의 70퍼센트는 바다로 덮여 있으며 평균 깊이는 4천 미터에 달한다. 바다는 눈으로 봤을 때 (빛과 온도의 문

제를 제외하면) 균질한 약 13억 세제곱킬로미터의 소금물로 이루어져 있는데, 육지와 비교했을 때 거의 조사가 이루어지지 않았다. 이로 인해 우리 눈에는 보이지 않지만 가장 흔한 생명체조차 지난 반세기 전까지 발견되지 않았다. 나는 무엇보다 박테리아 광합성의 상당 부분을 담당하는 두 종류의 남조류에 대해 언급하고 싶다. 1970년대 말, 우주 공간에서 대양을 탐사하는 인공위성이 발사되기 전까지만 해도, 폭발적으로 이루어진 플랑크톤의 증식은 주로 강과 육지에서 바다로 영양분이 공급되는 것과 연관되어 해안에서 주로 일어나는 현상이라고 여겨졌다. 로버트 쿤지그는 자신의 책 『바다탐사』에서 위성 사진이 어떻게 '모든 것을 바꿨는지' 이야기했다. 예를 들어 우리는 봄이 되면 북대서양이 해수면 근처의 풍부해진 엽록소의 영향을 받아 녹색으로 변하는 과정을 볼 수 있다. (물론 남조류는 빛이 닿지 않는 심해에는 살지 않는다.) 그전까지만 해도 이런 현상을 일으키는 유기물에 대해 알려진 바가 없었다.

쿤지그는 이어서 1965년에 연구원인 밥 길더드가 수리남에서 얻은 새로운 남조류를 배양하는 데 성공했다고 밝혔다. 이 남조류의 균락菌落*은 시험관에서 작고 붉은 반점을 형성했다. 그는 이 남조류가 너무 예뻐 잘 보관하면서도 그저 특이하다는 생각만 했다. 그러나 15년 후 해양학자들은 형광 현미경이라는 새로운 도구를 접하게 되었고, 덕분에 물에 떠다니는 작은 먼지 조각이라고 여겼던 것들이 실제로는 대부분 방사선 장치 아래에서 빛을 내는 살아 있는 유기체라는 사실을 알게 되었다. 이 중 일부는 특이한 색소에서 비롯된 주황색 섬광을 발산했는데, 이 순간 길드드는 예전의 붉은 반점을 기억해냈다. 이들은 어디에나 존재하는 똑같은 남조류였고, 크기는 1마이크로미터(1밀리미터의 1,000분의 1)에 불과했지만 물 1세제곱센티미터에 수만 마리씩 들어 있었다. 1979년 이들에겐 시네코코커스라는 이름이 붙여졌고, 이에 대해 길드드는 이렇게 말했다. "100년이나 이어진 해양학 연구에도 불구하고 이 세상에서 가장 개체 수가 많은 생물을 아무도 발견하지 못했다." 그러나 이 기록은 불과 10여 년밖에 지속되지 못했다.

    1980년대 말, 시네코코커스와 여타 미세 박테리아(피코박테리아)에 빠져 있던 해양생물학자 페니 치솜과 MIT 박사후과정의 롭 올슨은 레이저를 사용하여 개별 세포의 모양과 크기를 분석하고 분류하는, 조금 더 정밀한 유세포 분석기

---

*   미생물을 배지에서 증식할 때 형성되는 수많은 개체가 독립된 집단을 이룬 것을 말한다.

를 활용하기 시작했다. 올슨은 유세포 분석기를 작동시키면서 전혀 예상치 못했던 붉은 형광 신호를 포착했지만, 이것이 너무 작아 '전자 노이즈'라고 생각해 무시해버렸다. 그런데 노이즈로 생각했던 것이 표본 채취 장소의 조건(깊이와 온도)에 따라 예측 가능한 형태로 변했는데, 이는 이것이 생명체일 수도 있다는 사실을 의미했다. 그러나 치솜은 함께 연구를 진행하던 연구원이 전자현미경으로 사진 촬영에 성공할 때까지만 해도 이것이 새로운 남조류일 가능성을 받아들이려 하지 않았다. 그녀는 이에 대해 "이것은 사고의 전환이 필요한 문제였다. 광합성을 할 수 있는 이렇게 작은 유기체가 존재할 수 있다는 사실을 상상조차 할 수 없었다"라고 이야기했다.

그들은 1988년 자신들의 발견을 설명하면서, 0.5마이크로미터보다 조금 큰 이 새로운 박테리아에 프로클로로코쿠스(작은 녹색의 코코넛 혹은 공)라는 이름을 붙였다. 그때부터 이 프로클로로코쿠스는 우리를 계속해서 놀라게 했다. 우선 남조류에서는 드물게 해조류나 육상식물들만의 특징이라고 할 수 있는 엽록소를 가지고 있었는데, 이는 더 큰 박테리아가 엽록체로 사용하기 위해 포획한 또 다른 유형의 박테리아일 수 있다는 생각을 할 수 있게 해주었다. 그리고 프로클로로코쿠스는 실험실에서 연구하기가 매우 어려웠다. 1990년까지는 아무도 프로클로로코쿠스를 배양할 수 없었고, 2000년이 되어서야 바다 밖에서 이들을 연구할 수 있었다.

연구원들은 각각의 프로클로로코쿠스 세포의 유전체가 겨우 2천여 개의 유전자밖에 가지고 있지 않지만, 수많은 상이한 생태형이 있어(물 1밀리리터에 최대 100개까지 공존한다), 이들이 모든 환경 조건에서 효율적으로 빛을 잡아낼 수 있다는 사실을 확인했다. 실제로 이들은 인간의 두 배 이상 되는 총 8만 3천 개에 달하는 유전자를 가지고 있는데, 이에 대해 치솜은 "이것이 아주 작은 생명체라는 것을 고려한다면 엄청난 양의 정보"라고 말했다. 북위 40도와 남위 40도 사이에 널리 분포하는 프로클로로코쿠스는 지금까지 알려진 것 중에서는 지구에서 가장 풍부한 생명체다. (많은 해양학자는 아직 최대치에 이르지 못했다며 이 기록도 곧 깨질 것이라고 믿고 있다.) 페니 치솜은 이 작은 녹색 코코넛의 무게를 전부 합하면 적어도 폭스바겐의 풍뎅이 차 2억 2천만 대 정도는 될 것이라고 즐겁게 이야기했다.

온대 및 열대 바다에서 서식하는 식물성 플랑크톤 중에서는 남조류(대부분이 앞에서 언급했던 시네코코커스와 프로클로로

코쿠스, 그리고 이보단 약간 크면서 대기 중의 질소를 고정할 수 있는 트리코데스뮴이다)가 가장 우세 생명체인 데 반해, 고위도 지역에서는 상대적으로 크기가 큰 규조류가 더 보편적이다. 이들은 지구 1차 생산량(매년 독립영양생물이 생산하는 총유기물)의 20퍼센트 정도를 책임진다고 여겨진다. 규조류는 크기가 0.01~0.2밀리미터로, 옛날 현미경으로도 비교적 쉽게 관찰할 수 있었기 때문에 오래전부터 알려져왔다. 처음엔 동물성 곡물 알갱이로 여겼지만 20세기 중반부터는 식물에 가까운 존재로 보기 시작했다. 현재 담수와 해수에서, 그리고 습도만 맞는다면 어떤 환경에서든 살 수 있는 2만여 종의 규조류가 알려져 있는데, 이보다 훨씬 더 많은 종이 존재한다고 추정된다(일부에선 수십만 종이라고 말한다).

형태적인 면에서 규조류의 가장 두드러진 특징은 실리카 껍데기다. 이것은 크기가 다른 2개의 패각으로 이루어져 있는데(규조류diatom는 '둘로 잘린'이라는 의미의 그리스어 'diatomé'에서 유래했다), 이 패각이 서로 맞물려 다양하고 정교한 기하학적 무늬를 만든다. 규조류가 죽으면 천천히 가라앉아 퇴적물을 만들고, 이렇게 만들어진 규조토는 고대 그리스 시대부터 규조 껍데기의 특성에 따라 여러 용도로 사용되어왔다. 가장 널리 알려진 용도는 다이너마이트 제조에 사용되는 것인데, 폭발성이 강한 액체인 니트로글리세린을 흡수하여 안정적인 구조로 만들 수 있기 때문이다. 그리고 작은 입자를 잡아두는 효과가 있어 수영장 필터로도 사용된다. 규조토에서 얻은 부드러운 연마용 실리카는 각질 제거 크림이나 치약에도 사용된다.

20세기 중반 규조토로 보석을 연마하던 노동자들은 작업장에서 죽은 곤충들이 수없이 발견되는 것을 보고 이 물질을 살충제로도 사용할 수 있다는 사실을 깨달았다. 규조토의 침상체는 절지동물의 표피층에 쉽게 구멍을 내 탈수를 유도하기 때문이다. 그리고 비료, 구충제, 미끄럼 방지 페인트, 가볍고 내구성이 뛰어난 자동차와 항공 산업용 신소재 개발에도 규조토가 사용된다. 흡수성이 아주 뛰어나기 때문에 특히 고양이와 같은 반려동물의 배변 상자에 까는 모래용으로도 이상적이다. 일부 규조류는 수족관 동물 유충의 사료용으로 산업 차원에서 배양되기도 한다. 또한 즉석에서 환경 지표, 특히 수질 관련 생물 지표로 활용되기도 한다. 마지막으로, 이 또한 결코 사소한 것은 아닌데, 규조류 껍질의 아름다운 규칙적 문양은 예술적 영감의 원천이 되어왔다.

물론 규조류는 대접받을 만한 자격이 있지만, 이 모든 것에 대해 규조류에 감사를 표하는 것은 내 의도를 넘어서는 일이다. 내 이야기가 너무 곁가지로 흘렀다는 사실을 인정한다. 내 목적은 식물성 플랑크톤의 역할을 강조하는 것이었는데, 우리 인간이 분명히 의존하고 있는 지구의 생명체 역학 구조에서 규조류가 식물성 플랑크톤의 필수 요소를 맡고 있다 보니 그렇게 되었다.

식물성 플랑크톤은 전 지구에서 발생하는 광합성의 약 50퍼센트를 차지한다고 알려졌지만, 아마 이보다 더 높은 수치일 것이다. 나머지 반은 육상식물이 맡고 있는데, 엑서터대학교의 팀 렌턴과 연구원들은 이들이 대산화 사건의 완성에 필수적인 역할을 했다고 주장했다. 연구진에 따르면 수백만 년 동안 식물성 플랑크톤이 바다로 방출한 산소의 대부분은 미생물 세포의 유해로 형성된 퇴적암에 포집되었다. 이는 일종의 순환 구조였는데(미생물이 많아질수록 산소도 많아졌지만 동시에 더 많은 포집이 이루어지기도 했다), 약 4억 7천만 년 전에 출현한 최초의 육상식물의 광합성 활동만이 이를 깨뜨릴 수 있었다. 연구진들은 이렇게 이야기했다. "이후 4억 년 동안 대기 중의 산소 농도는 계속 증가하여 현재 수준에 도달했는데, 그다음부터는 산불을 매개로 한 피드백 작용으로 산소 농도가 안정적인 수준을 유지할 수 있었다." 이 이야기는 이번 장의 중요한 주인공이 될 수 있었던 육상식물에 대한 정당한 평가이기도 하다. (내가 이에 대한 언급을 뒤로 미룬 이유는 생물권 역학에서 육상식물의 역할이 해양 미생물의 역할보다 더 자주 언급되었기 때문이다.)

1960년경 기상학자인 찰스 킬링이 북반구 대기 구성의 계절적 변화를 발견하면서 육상식물의 광합성 활동이 지닌 중요성이 다시 한번 확인되었다. 청년 시절 킬링은 캘리포니아 공과대학교에서 대기 중 이산화탄소를 측정하는 장치를 개발하고 완성했다. 그가 아내와 아이들을 데리고 캠핑을 하던 중에 처음 관찰하여 알게 된 사실은 18세기에 식물의 광합성을 처음 발견한 얀 잉엔하우스가 관찰했던 것과 동일했다. 이산화탄소는 나무가 광합성을 위해 햇빛을 받는 낮 동안에는 감소하는 데 반해, 어두워진 다음에는 증가한다. (어렸을 적 잉엔하우스의 권고를 따라 밤이 되면 화분을 침실에서 내놓았던 기억이 난다. 화분이 우리에게서 산소를 빼앗을 수 있다는 생각 때문이었다.)

　1958년 킬링은 스크립스 해양학연구소와 계약을 맺고 해발 3천 미터가 넘는 하와이의 마우나로아 화산 정상에 기상관측소를 설치했다. 그는 그곳에서 이산화탄소의 양을 측정하기로 했는데, 오염원으로부터 멀리 떨어진 바다 한가운데에 있어 이상적인 위치인 데다 '그때까지의 측정 방식은 다소 혼란스러웠다'고 생각했기 때문이다. 얼마 되지 않아 그는 두 가지 사실, 즉 대기 중 이산화탄소 농도는 해마다 증가한다는 사실과, 계절에 따라 뚜렷한 패턴을 따른다는 사실을 깨달았다. 지구 북반구의 식물들이 녹색으로 물들어 광합성이 활발한 봄과 여름에는 이산화탄소가 감소하고, 식물들이 이파리를 떨구고 분해가 활발하게 일어나는 가을과 겨울에는 다시 이산화탄소가 증가했다. 어떤 식으로든 지구는 식물 역학에 따라 이산화탄소를 내쉬기도 하고 들이마시기도 했다. 킬링의 자료를 바탕으로 그려진 이 곡선, 즉 매년 규칙적인 등락을 거듭하며 꾸준히 우상향 추세를 보이는 이 곡선은 '20세기의 가장 중요한 그래프'라는 평가를 받는다.

바다에서는 식물성 플랑크톤(1차 생산자)이 동물성 플랑크톤을 먹여 살린다. (광의의) 초식성 미생물 세계는 박테리아, 원생동물, 섬모충류, 요각류, 유공충류, 자포동물, 크릴(거대한 흰긴수염고래의 먹이)과 같은 갑각류, 그리고 성체가 되면 해류에 떠내려가지 않는 다양한 동물(굴, 조개, 성게, 불가사리, 물고기)의 알과 유충 등을 포함한다. 반면에 동물성 플랑크톤은 정어리, 스페인 멸치, 고등어, 페루 멸치(페루 부근 태평양 연안에서 가장 흔한 어종으로, 전 세계 최대 규모의 단일 어종 어업을 뒷받침하고 있다) 등의 수많은 원양 어류를 먹여 살린다. 예컨대 좀 더 덩치가 큰 어류, 즉 문어나 오징어, 바닷새, 돌고래 등의 먹이가 되는 것이다. 큰 물고기를 잡아먹는 참치나 이런 참치를 잡아먹는 범고래 같은 슈퍼포식자도 존재한다.

육지에서도 상황은 비슷하다. 하지만 1차 생산자는 식물이고, 먹이사슬은 비교적 짧다. 예를 들어 토끼는 풀을 먹고, 독수리나 스라소니는 토끼를 잡아먹는다. (그러나 좀 더 긴 먹이사슬도 있다. 거미는 작은 곤충을 잡아먹지만, 거미 역시 좀 더 큰 곤충의 먹이가 된다. 그리고 큰 곤충은 다시 새에게 잡아먹히고, 이 새를 좀 더 큰 참매가 잡아먹는 식이다.) 최종적으로는 바다와 육지 양쪽 모두에서 폐기물과 사체는 분해자(주로 박테리아와 균류인데, 콘도르같이 덩치가 큰 것도 있다. 「콘도르 덕분에」를 보라)의 먹이가 된다. 1차 생산자가 흡수한 탄소는 먹이사슬을 따라 순차적으로 이동하고 그러면서 일부는 호흡을 통해 산화되는 과정에서 사라진다.

탄소는 광합성을 통해 살아 있는 유기물이 되지만, 유기물이 죽거나 살아가면서 에너지를 소비할 때 다시 이산화탄소의 형태로 무기화된다. (우리는 운동할 때 당과 지방을 산화하고 이산화탄소를 방출하면서 에너지를 얻기 때문에, 체내에 비축된 유기물을 태워야 한다.) 기본적으로 해양 먹이사슬은 물속에 녹아 있는 이산화탄소를 흡수하고 산소를 방출하는 반면, 육상 먹이사슬은 대기 중의 이산화탄소를 이용한다. 그러나 해양과 육상의 시스템은 해양의 표면에서 일어나는 끊임없는 기체 교환을 통해 아주 밀접하게 연결된다. 따라서 대기 중의 산소와 이산화탄소의 상대 비율은, 산소가 훨씬 더 풍부하긴 하지만(이산화탄소는 0.04퍼센트에 불과하다) 서로 긴밀하게 연결되어 있다. 광합성이 호흡을 뛰어넘으면 탄소가 어딘가에 축적되어 대기 중의 탄소 비율이 줄어든다. 반대의 경우에는 이전에 저장되었던 탄소가 방출되어 대기 중의 탄소 비율이 증가한다. (우리는 수백만 년 전 화석연료에 저장해놓았던 탄소를 태우고 있기에 오늘날 이런 현상이 일어나고 있다. 이는 어떤 면에서는 생물권의 호흡을 인위적으로 증가시키는 방식이라고 할 수 있다.) 이에 대해 L. B. 슬로보드킨은 다음과 같이 밝히고 있다. "대기 중의 산소 분자 하나마다, 아직 결합하지 못한 채 어딘가에 묻혀 있는 탄소 원자 하나가 있다."

성숙한 육상 생태계에는 비교적 적은 양의 탄소가 안정적으로 저장되어 있지만, 바다에는 훨씬 많은 탄소가 저장되어 있다. 해양 표층에서 탄소를 추출하여 고정한 다음 심해로 옮겨 퇴적물의 형태로 잡아두는(사체나 배설물 등의 형태로 만들어 바다의 눈처럼 천천히 떨어져 내리게 만드는) 능력을 생물학적 펌프라고 한다. 반면에 물리 화학적 펌프는 이산화탄소가 바다에 녹을 수 있는지에 달려 있다. (바다는 고위도에서는 이산화탄소를 흡수하고, 적도에서는 이산화탄소를 방출한다.) 전체적으로 대양은 바다와 대기 그리고 지표면 전체 탄소의 95퍼센트를 저장하고 있다고 추정된다. 앞서 말한 두 펌프는 기후 시스템에서 아주 중요한 역할을 하고 있다. 즉 대기 중의 이산화탄소 양에 영향을 미쳐 온실효과를 유발할 수 있는 것이다.

지난 20년 동안 카를로스 두아르테와 여러 과학자 덕분에 빠르고 효율적으로 탄소를 가둘 수 있는 생태계는 광활한 외해나 숲이 아니라, 바다와 육지가 만나는 지역이라는 사실이 밝혀졌다. 여기에는 습지, 맹그로브 숲, 연안의 식물 군락지 등이 포함된다. 이런 곳은 지중해의 포시도니아 초지와 같이 염분을 견딜 수 있는 육상식물이나 대형 해조류가 주로 점하고 있다. 일반적으로 이러한 식생의 연안 지역은 강(대부분 강 하구)과 육지로부터 영양분을 계속해서 공급받기 때문에 생산력이 아주 높다. 그뿐만 아니라 퇴적물을 붙잡아두는 능력이 뛰어나 바닥의 높이를 올릴 수 있다. (이는 지구온난화로 인한 해수면 상승의 영향을 완화할 수 있다.) 예를 들어 두아르테의 추정치에 따르면 연안 해초 군락은 전체 바다 표면의 1,000분의 1에 불과하지만, 바다에 있는 탄소의 20퍼센트를 잡아두고 있다. 이와 같은 '연안의 이산화탄소 포집기'에 잡힌 탄소는 육지 식물이 포집한 탄소인 그린 카본과 구별하여 블루 카본이라고 부른다.

몇 년 전부터 우리는 대기 중 이산화탄소 배출을 감축해야 한다는 메시지를 받아왔는데, 이는 재앙에 가까운 기후변화를 피하기 위한 필수 과제다. 그리고 이와 동시에 매우 효과가 큰 블루 카본 흡수원을 강화해야 한다. 하지만 안타깝게도 우리는 정반대로 행동하고 있다. 지난 반세기 동안 전 세계 해안 식생 생태계의 4분의 1에서 2분의 1이 인간의 활동으로 파괴되었다. 세비야 출신의 물리학자이자 해양학자로, 최근 젊은 연구자들에게 주는 에세키엘 마르티네스 상을 수상한 엘레나 세바요스는 다음과 같은 슬로건을 만들어 반복적으로 이야기했다. "블루(카본)가 없으면 그린(카본)도 없다." 여기서 그녀는 블루에 전체 바다를 포함시켰다.

식물성 플랑크톤의 중요성은 희미하게나마 이해하기도 쉽진 않다. 우리는 (산소나 이산화탄소를 감지할 수 없는 것처럼) 식물성 플랑크톤을 볼 수 없을 뿐만 아니라, 이미 앞에서 이야기했듯이 잘 알지도 못하기 때문이다. 작은 박테리아들이 최소한 빛이 있는 동안에라도 계속해서 산소를 방출하기 때문에 우리는 숨을 쉴 수 있다. 더욱이 지구의 기후는 이러한 박테리아와 식물들이 바다와 대기에서 얼마나 계속해서 탄소를 제거할 수 있는지에 달려 있다. 결론적으로 우리는 그들 덕분에 먹고산다고 이야기할 수 있다. 우리는 유능한 동물이긴 하지만 무기물에서 유기물을 만들 수 있는 능력이 없기 때문이다. 이런 사실들이 직관적이진 않기 때문에 이를 이해하기가 쉽지 않고, 따라서 식물성 플랑크톤에게 고마움을 표하는 것 역시 어렵다. 그러나 식물성 플랑크톤과 식물이 없으면 우리가 살아갈 수 없는 것은 분명한 사실이다.

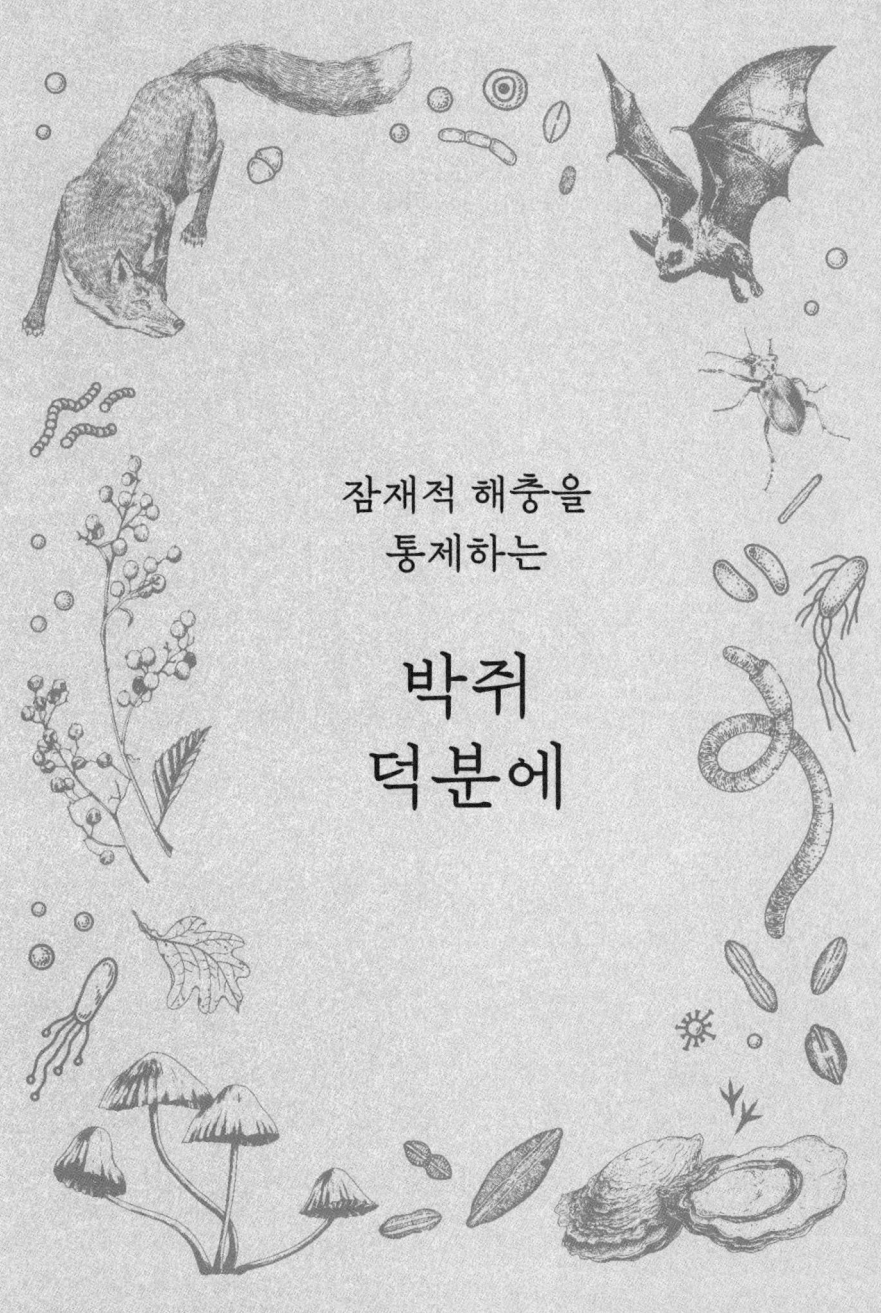

잠재적 해충을
통제하는

박쥐
덕분에

조금만 생각해보면, 어떤 종이든 개체 수가 과도하게 늘어나면 해충이 될 수 있다는 사실을 알 수 있다. 미생물, 균류, 식물, 동물 무엇이든 예외가 될 수 없다. 가장 죄가 없을 것 같은 나무조차 무제한으로 늘어나면 다른 것들이 필요로 하는 자원을 독점할 수 있을뿐더러 우리 정원과 땅을 침범할 수도 있다. (선친인 미겔 델리베스의 소설 『조난자의 우화』에 나오는 울타리가 생각난다.) 바로 이러한 이유로 생물다양성을 위한 가장 기본적인 과제 중 하나는 스스로를 조절하고, 각각의 종이 다른 종을 제한하여 어떤 종도 폭발적으로 증가하지 못하게 막는 것이다. (호모사피엔스가 이런 통제를 벗어났다는 사실에 대해서는 여러분도 나와 생각을 같이할 것이다. 이는 장점이지 단점은 아니다. 그렇지만 우리가 해충이 된다면 그건 다른 문제다.)

　병을 옮기거나, 우리가 재배하는 작물을 먹어버리거나, 우리가 기르는 가축을 잡아먹는 등 우리에게 해를 입히는 생명체를 생각하면 개체 수 제한이 얼마나 절실한지 너무나 명확해 보인다. 사실 모든 종은 어떤 방식으로든 개체 수를 통제하는 역할을 맡고 있다. 다시 말해 위쪽으로든(풀의 가용성에 따라 풀을 먹는 사슴의 수가 제한된다) 아래쪽으로든(늑대는 존재 자체만으로도 사슴의 수를 제한한다. 그러면 개체 수가 줄어든 사슴 역시 풀을 다 먹을 수 없게 된다) 서로서로 통제에 가담하는 것이다. 하지만 여기서는 농업 분야의 해충 통제와 관련된 몇 가지에만 초점을 맞출 것이다.

　이 장의 제목을 '거미 덕분에'로 할까 고민했다. 거미가 정원이나 농장의 해충을 제한하고 있음에도 불구하고 별로 호감을 얻지 못하기 때문이다. 하지만 코로나19 사태 이후 제목을 바꾸기로 결심했다. 박쥐는 정당한 대우를 받아야 할 뿐만 아니라 감사를 받아야 한다. 유감스럽게도 너무 유명해진 제2형 사스-코로나바이러스가 발견된 직후부터 보건 당국과 비전문가 모두 이 질병의 원인으로 박쥐를 지목했다. 하비에르 후스테를 비롯한 여러 동료가 지적했듯이 일반적으로 코로나바이러스가 박쥐와 연관을 맺고 진화한 것은 분명한 사실이지만, 박쥐에만 국한된 일은 아니다. 내가 아는 한,

특정 박쥐 종이 우리를 죽이는 바이러스의 기원이라는 것을 아무도 증명하지 못한 것 또한 분명한 사실이다. 그러나 이러한 사실이 전 세계에서, 특히 아시아와 남미에서 팬데믹과 싸운다는 명분으로 수십만 마리의 이 날아다니는 포유류가 도살되는 것을 막진 못했다. 이런 상황에서 박쥐에게 손을 내미는 동시에, 아무 대가 없이 우리 인류에게 봉사하고 있는 생물들의 자리에서 상석을 내어주는 것 역시 가치 있는 일일 것이다.

한 유명 기자는 아무 생각 없이 인간의 건강을 위협하는 바이러스의 위험을 줄이기 위해 박쥐를 박멸하자고 제안했다. 박쥐에 대한 공포가 다시 커지면서 흡혈귀 혹은 공동묘지에 사는 동물(드라큘라 신화), 광견병 매개체 등 전통적으로 박쥐에 덧씌워진 부정적인 이미지는 더욱 커져만 갔다. 그뿐만 아니라 성경에서도 언급된 것처럼 박쥐가 어둠과 지하 세계(그들이 사는 동굴, 즉 사탄의 거처)에서 왔다는 이유로 '부정한 존재'라는 평판까지 더해졌다. 마누엘 앙헬 차로는 호아킨 디아스 재단에서 펴내는 『민속 잡지』에 이렇게 썼다. "이 동물에 대한 혐오감은 그들의 야행성 습성, 쥐를 닮은 모습, 무시무시한 얼굴 구조, 이상하게 생긴 사지, 은신처의 음침한 분위기 때문에 생겨났다." 박쥐는 기괴한 생김새로 인해 대중의 상상력을 자극하여 불길한 징조를 가져오는 동물이자, 마녀나 악령과 불가분의 관계인 친구가 되어버린 것이다.

하지만 언제나 모든 문화권에서 그랬던 것은 아니다. 고대 이집트에서는 박쥐가 집에 머무르면 악마의 발걸음을 막는다는 생각에 고마운 존재로 여겼다. (때로는 우리 마을에서도 그런 일이 있었다. 죽은 박쥐를 문에 못 박아두곤 했다.) 태평양 일부 섬에서는 박쥐를 신성한 동물로 여긴다. 또한 중국 일부 지방에서는 행복과 행운의 상징이기도 하고, 발리에서는 천 년이 넘는 역사의 고아라와 사원이 박쥐 동굴로 유명한데, 서구인을 위한 관광 가이드들은 "수만 마리의 박쥐 떼를 보면 오한이 들고 공포 영화가 연상된다"라며 방문을 권하지 않는다. 박쥐는 페루 모체문명과 중앙아메리카 마야문명의 벽화나 수공예품에도 등장하는데, 신성과 연결된 것 같다. 시공간적으로 그리 멀리 벗어나지 않아도 발렌시아의 문장 가장 꼭대기에서 빛나는 박쥐의 이미지를 볼 수 있는데, 이는 아라곤왕국의 문장에서 유래한 것이다. 게다가 우리는 정의의 사도인 배트맨의 긍정적인 모습을 떠올릴 수도 있다.

긍정적으로 보든 부정적으로 보든, 유일하게 날아다니는 포유류인 박쥐에게 우리가 왜 감사해야 하는 걸까? 우리가 박쥐를 다 없애버린다면 혹시라도 잃을 것이 있을까?

먼저 '박쥐'라는 용어는 겉으로는 하나로 보이지만 매우 다양한 동물을 하나의 집단으로 묶은 것이라는 사실을 밝히고 싶다. 전 세계에는 1,300여 종의 박쥐가 있고, 이들은 포유류강에서 설치류에 이어 두 번째로 큰 그룹을 이룬다. 전 세계 포유류 네다섯 종 중에서 한 종은 박쥐인 셈이다. 당연한 이야기지만, 1천 종이 넘는 박쥐들의 크기(2그램 미만부터 1.5킬로그램까지), 모양, 습성은 매우 다양하다.

하지만 기본적으로 박쥐는 약 5천만 년 전에 분리된 후 서로 다른 진화의 역사를 거친 두 계열로 묶을 수 있다. 하나는 구대륙과 오스트레일리아의 열대 지방에 주로 서식하는 큰박쥐류 혹은 날여우박쥐류로, 주로 과일을 먹고 산다. 또 다른 계열은 거의 모든 대륙에서 발견되는 작은박쥐류로, 반향정위(초음파 탐지) 능력을 갖추고 있으며 주로 곤충을 잡아먹고 산다. (이들은 작은 척추동물이나 과일, 꿀을 먹기도 하며, 때로는 뱀파이어처럼 피를 먹기도 한다.) 상당수의 날여우박쥐류와 일부 작은박쥐류는 아주 중요한 종자 분산자이고(「여우 덕분에」를 보라), 다른 박쥐들은 경제적으로 중요한 식물들의 수분을 담당한다. 그리고 대부분의 작은박쥐류는 농업의 해충 통제에 많은 도움을 준다. 이 장에서는 주로 맨 마지막 기능을 다룰 것이다.

박쥐는 대사율이 매우 높으며(활동할 때만 그렇다. 온대와 한대 지역에 사는 박쥐는 겨울에는 잠을 잔다), 매일 자기 체중의 25퍼센트 이상(심지어는 100퍼센트까지)을 먹어야 한다. 60킬로그램의 사람이 매일 15킬로그램 이상의 음식을 섭취한다고 한번 상상해보라. 야행성 사냥꾼인 박쥐는 게걸스러울 정도로 딱정벌레와 나방을 사냥하는데, 이들의 성충과 유충 모두 숲과 농업에 피해를 입히는 경우가 많다. 이 같은 박쥐의 사냥 활동에서 얻는 이익은 군집의 크기, 영양 요구량, 대략적인 식단 등을 기초로 간접적으로 추정할 수 있다.

전형적인 사례는 저스틴 보일스 등이 2011년 『사이언스』에 발표한 논문에 나온다. 150마리 정도의 북미갈색박쥐 군집이 농업에 유해한 곤충을 1년에 약 130만 마리나 먹어치웠다. 작은갈색박쥐 한 마리는 매일 밤 4~8그램의 곤충을 필요로 하는데, 그런 박쥐가 수백만 마리 존재한다. (아니 정확하게는 존재했었다. 균류가 많은 박쥐를 죽음으로 내몰았다.) 보일스와 그의 연구팀은 수많은 유사 사례를 토대로 한 외삽법을 이용해 박쥐가 미국 농업에 주는 금전적인 이익을 연간 최소 37억 달러에서 최대 530억 달러, 평균 230억 달러로 추산했다. 이 통계에는 불필요해진 살충제 비용이 포함되었지만, 살충제 사용을 중단함으로써 얻을 수 있었던 간접적인 이익, 즉 생태계 및 건강상의 피해 감소나 해충의 내성 발달을 피함으로써 얻을 수 있는 이익은 포함되지 않았다.

여름만 되면 텍사스주 샌안토니오 근처, 입구 폭이 12미터나 되는 싱크홀인 브래큰 동굴에서 자연이 보여주는 가장 놀라운 장관이 매일 펼쳐진다. 매년 이곳에서는 1,500만~2,000만 마리의 다양한 종의 암컷 박쥐, 특히 아메리카 짧은꼬리박쥐가 번식을 한다. 이곳은 전 세계에서 가장 많은 포유류가 모이는 곳이다. NGO인 국제박쥐보호협회는 1991년 이 동굴과 주변의 땅을 매입하여 연구, 인식 제고, 동물군 관찰 관광 등의 프로그램을 운영하고 있다. 카를레스 플라케르는 그라노예르스 자연과학 박물관에서 제작한 아름다운 영화 〈인간과 박쥐〉에서 이 이야기를 들려준다. 그는 매일 밤 4천만 마리의 박쥐가 사냥을 위해 텍사스 상공으로 출격하는데, 이 중 절반은 브래큰 동굴에서 나오며 이들이 만드는 박쥐 구름은 밀집도가 높아 기상 레이더에 잡힐 정도라고 설명했다. 이들은 가장 좋아하는 먹이인 옥수수나방과 면화나방을 찾아 최대 90킬로미터를 날아간다. 다큐멘터리에서 브래큰 동굴의 가이드는 관광객들에게 이런 이야기를 한다. "이 박쥐 군집은 오늘 밤 100톤의 곤충을 먹을 겁니다. 농부들은 그들을 사랑할 수밖에 없지요."

이런 주장에 대해 (지엽적인 문제에 집착하는 경향이 있는 까칠한) 일부 과학자들이 의문을 제기하는 것은 그리 드문 일이 아니다. 박쥐들이 먹어치우는 곤충의 대부분이 해충이라고 누가 장담할 수 있겠는가? 잠재적인 먹이의 양이 너무 많다면 박쥐가 아무리 포식한다고 해도 그 영향이 얼마나 크겠는가? 게다가 박쥐는 성충을 주로 잡아먹는 데 반해 피해를 입히는 것은 주로 애벌레인데, 성충의 개체 수가 줄어든다고 유충의 숫자도 줄어들까? 한마디로 박쥐가 있는 곳과 없는 곳에서 수확량의 차이가 얼마나 발생하는지 실제로 측정해 본 사람이 있을까?

서던 일리노이 대학교의 조사이아 메인과 저스틴 보일스는 도전을 받아들여 답을 도출하기 위한 창의적이고 복잡한 실험을 진행했다. 2년 동안 두 사람은 가로, 세로 각 20미터의 옥수수밭 여섯 곳에 7미터 높이의 그물을 치고, 또 다른 여섯 곳은 그 효과를 비교하기 위해 그물을 치지 않고 놔두었다. 한 가지 특별한 점은 낮에는 밧줄과 도르래를 이용해 그물을 열어 새들이(필요한 경우엔 농부도) 들어올 수 있게 했고, 박쥐들이 주로 활동하는 밤에만 그물을 닫았다는 점이다. 연구자들은 이렇게 하면 열린 밭과 닫힌 밭의 수확량 차이가 박쥐의 존재 여부에 따라 달라질 것이라고 추정했다. 그리고 그물망을 6월부터 9월까지 유지했다.

옥수수 재배지에서는 옥수수줄기나방, 천공나방, 굴파리, 회색애벌레 같은 다양한 나방의 애벌레로 인해 심각한 피해를 보기도 한다. 이 애벌레들은 영양생장기에는 주로 잎을 먹고, 결실기에는 옥수수 알갱이를 파괴한다. 박쥐는 나방이 많은 곳을 탐지한 다음, 잘 알려졌다시피 먼 거리를 날아가 나방을 잡아먹는다. 미국의 중서부 지방에는 나방을 사냥하고 소비하는 데 특화된 동부붉은박쥐와 같은 다양한 종의 박쥐가 존재하는데, 연구진들은 이 포식자들이 사라지면 작물 수확량이 감소할 것이라고 예측했다. (여기서 이 문제에 오랜 시간을 투자하진 않겠지만, 나방은 박쥐의 초음파를 감지할 수 있을 뿐만 아니라 박쥐가 많은 곳에서는 번식을 피한다. 따라서 나방을 굳이 잡아먹지 않아도 된다.)

결과는 예상치를 뛰어넘었다. 박쥐가 없는 시험 구역은 대조 구역보다 유충이 59퍼센트 더 많았고, 그 결과 손상된 곡물이 56퍼센트 더 많았다. 게다가 유충은 균류에 의한 감염으로 이어지는 길을 열기 때문에 박쥐를 차단하는 그물망 안에서 자란 옥수수는 품질이 낮았으며 균류에 의한 독소가 더 많았다. 결국 이 독소로 인해 곡물 가격이 떨어지고 유통이 막히기에 이르렀다. 결론적으로 박쥐는 옥수수 수확량뿐만 아니라 품질까지 보장했다. 전 세계의 옥수수 재배 면적을 고려할 때, 연구진들은 박쥐가 재배 수익에 기여하는 바가 10억 달러가 넘을 것이라고 추정했다.

당연한 이야기지만 박쥐는 옥수수 재배뿐만 아니라 면화, 콩, 다양한 채소 등에도 이익을 준다. 스페인의 카를레스 플라케르 연구팀은 에브로 삼각주에서 카브레라 작은박쥐가 맡고 있는 해충 방제 효과를 평가해보았다. 이곳에서 벼농사를 짓는 사람들에겐 식물의 줄기와 잎에 구멍을 뚫는 벼줄기굴나방으로 알려진 나방 유충이 주적이라고 할 수 있다. (이 나방을 포함한 세 종의 나방 유충이 전 세계에서 매년 1천만 톤에 가까운 쌀 생산량의 손실을 초래하고 있다.) 플라케르 연구팀은 몇 년 전 삼각주에 있는 부다섬에 박쥐들이 둥지로 사용할 수 있는 상자를 설치했는데, 둥지 안에 사는 카브레라 박쥐의 개체 수만 3,500마리까지 급증했다.

연구팀이 이 상자에서 배설물을 수거하여 유전자 분석을 한 결과, 세입자 격인 박쥐들이 주로 벼줄기굴나방을 잡아먹는 것으로 나타났다. 게다가 박쥐들은 나방이 많으면 많을수록 논을 찾는 빈도가 늘어나, 박쥐 보호 상자가 설치되어 박쥐가 많아진 곳에서는 나방이 주는 피해가 줄어드는 것을 확인했다. 연구팀은 1헥타르당 박쥐가 9~16마리 정도의 밀도만 되어도 살충제를 뿌릴 필요가 없다고 봤고, 42~67마리 정도면 별다른 대책을 세우지 않아도 문제가 없을 거라고 보았다. 이 지역의 박쥐 개체 수를 제한하는 가장 중요한 요소는 박쥐 보호 상자의 부족이었기에 당장 이런 의문이 제기될 수밖에 없었다. 박쥐를 위한 상자에 돈을 더 투자하면 얼마든지 살충제 비용을 절약할 수 있는데 왜 그렇게 하지 않는 걸까?

해충 방제만으로는 충분한 도움이 되지 못한다고 생각한 것인지 박쥐들은 배설물을 통해 최고의 비료인 박쥐 구아노까지 선사하고 있다. 박쥐 구아노는 박쥐가 밀집된 군집 생활을 하는 동굴에서 대량으로 축적되는데, 좋은 비료의 특성이 있어 토양 구조 개선을 위해 수 세기 동안 채취되어왔다. 19세기에 미국에서는 박쥐 구아노가 풍부하게 쌓인 곳을 발견한 사람에게 보상으로 땅을 주기도 했다. 박쥐의 배설물에는 10퍼센트의 질소, 3퍼센트의 인, 1퍼센트의 칼륨, 그리고 여타 식물에 필요한 다양한 미량 영양소가 들어 있다. 그리고 다른 비료들보다 땅에 훨씬 더 오래 머무를 뿐만 아니라, 부산물의 분해를 촉진하고 식물에 해로운 균류와 선충류를 억누르는 미생물도 들어 있다. 오늘날 많은 원예 회사들이 제품 카탈로그에 분말이나 액상 형태의 박쥐 구아노를 실어놓고 있는데, 이는 유기농 재배나 고급 작물 재배에 특화되어 있다. (대마초 재배에 이보다 더 좋은 첨가물은 없다고 말하는 사람도 있다!)

아무튼 이 장을 시작할 때 제목을 '거미 덕분에'라고 할까 고민했다고 고백했었다. 그리고 앞에서 이야기했듯이 박쥐만이 해충을 방제하거나 해충의 출현을 막는 유일한 존재는 아니다. 미생물에서 균류, 곤충, 거미, 물고기, 두꺼비, 개구리, 도마뱀, 새, 포유류에 이르기까지 수많은 여타 생물 역시 기생충이나 포식자로서 해충을 방제한다. 예를 들어 (잘 알려진 무당벌레처럼) 수많은 곤충이 중요한 포식자의 역할을 하고 있으며, 적지 않은 생물이 생물학적 방제에 이용된다. 즉 특정 해충을 방제하기 위해 특별히 풀어놓기도 하는 것이다. 더 많은 지면이 필요하긴 하지만 이에 대해선 더 언급하지 않겠다. 대신 진정한 의미의 기생충도 아니고 그렇다고 포식자라고도 할 수 없는, 기생충과 포식자의 중간쯤에 위치해 인간의 눈에는 정말 잔인하게 보일 수밖에 없는 포식기생곤충에 대해서 좀 더 자세히 이야기해보고자 한다.

포식기생곤충은 숙주를 죽이는데, 엄밀한 의미에서 기생충은 일반적으로 이런 짓은 하지 않는다. 그렇지만 이 곤충은 일반적으로 평생 한 마리만 제물로 삼아 살려둔 채로 서서히 먹다가 결국은 죽인다는 점에서 진정한 의미의 포식자와도 다르다. 포식기생곤충은 성충이 되면 다양한 먹이를 먹는

데, 많은 경우 초식성이지만 가끔 육식성도 있다. 이들을 포식기생곤충이라고 하는 이유는, 이들이 다른 생명체의 위나 몸 안에 알을 낳고 이때 알에서 나온 유충이 이 생명체를 제물 삼아 성장하기 때문이다. 다양한 곤충목에 속하는 수만 종의 포식기생곤충이 존재하는데, 가장 큰 비중을 차지하는 것은 0.5센티미터도 되지 않는 작은 말벌들이다. 일부 말벌은 거미에 침을 쏴 마비시킨 다음 거미에 알을 낳는다. 그러면 유충은 살아 있는 거미를 죽지 않을 정도만, 즉 중요한 장기는 그대로 둔 채 나머지 부분만 먹고 자라다가, 결국은 거미를 죽이고 날아간다. 다른 말벌은 다른 종의 애벌레나 번데기 혹은 알 위에 알을 낳는다. (예를 들어 벌레살이호리벌은 오오테카라고 부르는 바퀴벌레의 알주머니에 유충을 놓아둔다.)

포식기생곤충은 아주 까다롭게 숙주를 고르기 때문에 해충의 생물학적 방제에 매우 유용하다. 산 채로 안에서부터 뜯어먹힌 애벌레를 상상해보라. 그리고 애벌레가 죽자마자 갑자기 성충이 된 말벌이 튀어나오는 모습도 함께 상상해보라. 공포 영화의 한 장면 같지 않을까? 다윈은 이런 생존 방식이 너무 악랄하면서도 백해무익하다고 생각했는지 신의 존재까지 의심하기에 이르렀다. 그는 1860년 미국의 식물학자인 아사 그레이에게 이런 글을 썼다. "자비롭고 전지전능한 신이 의도적으로 살아 있는 애벌레의 몸속을 파먹고 자라는 이크뉴몬 말벌을 창조했다는 사실을 인정할 수가 없습니다."

다시 거미로 돌아와 이야기를 이어가보자. 거미는 일반적으로 사람들에게 호감을 주지 못할 뿐만 아니라 두려움을 안겨주기도 한다. 거미와 통제에 대해 이야기한다고 하면, 거미가 무엇을 통제할 수 있는지를 생각하는 것이 아니라 거미를 어떻게 통제할지를 먼저 떠올릴 것이다. (사실 인터넷에는 '집과 정원에서' 거미를 없애준다는 광고가 엄청나게 많다.)

그러나 얼마 전부터 거미가 유익하다는 사실이 알려지기 시작했다. 전 세계에는 4만여 종의 거미가 존재하는데, 일부 종은 (다양한 형태의) 거미줄을 만들어 먹이를 잡는 반면, 어떤 종은 매복이나 갑자기 덮치는 방법을 이용해 사냥하면서, 거미줄은 (바람을 타고) 이동하거나 타란툴라*처럼 둥지를 만드는 데 사용하기 위해 아껴둔다. 일부 종은 매일 밤이 되면 자기가 짠 거미줄과 거미줄에 붙어 있는 곤충을 모두 먹어치우고 아침이 되면 새 거미줄을 만든다. 또 어떤 종은 공중

---

*　크고 털이 많은 거미의 총칭이다.

에서, 어떤 종은 땅에서, 어떤 종은 나뭇가지에서 사냥하며, 어떤 종은 낮에, 또 어떤 종은 밤에 사냥한다. 시스템과 사냥터, 시간대가 다양하기에 거미의 사냥감은 스펙트럼이 매우 넓다. 메뚜기, 귀뚜라미, 파리, 모기, 딱정벌레, 나방, 말벌, 꿀벌, 바퀴벌레, 다른 거미, 쥐며느리, 심지어 어떤 경우에는 작은 물고기, 개구리, 새, 쥐도 여기에 포함된다. 몇 년 전 케냐에서 엄청나게 심혈을 기울여 실험한 결과, 깡충거미 에바르차는 먹잇감을 선택할 수 있는 경우 주로 말라리아의 주 매개체인 피를 먹은 상태의 아노펠레스속 모기를 고른다는 것이 밝혀졌다.

 이러한 다양성으로 인해 거미는 사냥감의 개체 수를 조절하는 데 큰 잠재력이 있다. 실험 결과 세 종의 거미는 겨울밀 진딧물의 개체 수를 34~58퍼센트 줄였다. 이스라엘의 과학자들은 유충이 되면 많은 작물에 피해를 주는 검은고리나방의 깨어나기 직전의 알들을 통제된 조건에서 사과나무 가지 10개에 올려놓았다. 그런 다음 가지 5개에는 굶주린 거미 한 마리를 추가했더니, 거미는 애벌레가 태어나자마자 잡아먹기 시작했다. 이는 애벌레들에게 엄청난 공포를 유발했고 탈출에 성공한 애벌레들은 부지런히 도망쳤다. 시간이 조금 지나자 거미가 배치된 가지의 애벌레 수는 거미가 없는 가지에 비해 98퍼센트까지 감소했다. 들녘의 밭과 과수원에서 실험 삼아 거미를 제거하는 연구를 진행한 결과, 모든 경우에 해충에 의한 피해가 증가했다. 기존 연구는 다양한 종의 거미를 적절히 섞어놓으면 작물 재배에서 눈에 띄게 이익을 얻을 수 있다는 사실을 보여준다.

최근 안달루시아의 과학자들은 항구 도시인 알메리아의 온실 내부에 거미가 서식할 수 있도록 식물성 울타리를 설치할 것을 제안했다. 이렇게 하면 흰파리, 진드기, 꽃노랑총채벌레 등에 의한 피해를 줄일 수 있다. 이 연구는 우리에게 또 다른 사실을 일깨워준다. 즉 해충을 통제할 수 있는 동물을 보호하는 것 외에도, 그들의 서식지를 보살펴주는 것 역시 필요하다는 것이다. 그렇지 않으면 당연히 그런 동물들이 살 수 없기 때문이다. 그렇기에 대규모 단일 작물 농장은 역병이 돌 수 있는 좋은 조건의 땅이 될 수밖에 없다.

감부시아라는 작은 민물고기는 모기 유충을 맹렬히 잡아먹는 특성 때문에 스페인을 포함한 전 세계에 입식되었다. 네팔의 논에서는 개구리가 벼의 해충과 질병의 원인이 되는 모든 곤충의 개체 수를 줄이는 것으로 나타났다. 오스트레일리아는 사탕수수바구미 억제 능력 때문에 남미에서 사탕수수두꺼비를 입식했다. (그러나 오스트레일리아의 동물 생태계를 황폐화하는 재앙에 가까운 결과를 초래했다.) 남아프리카에서 진행된 연구에 따르면 뱀은 생태계 안에서 뱀만의 고유한 역할을 하기에, 이들이 완전히 사라지면 척추동물 군집에 심각한 영향을 미칠 수 있다. 또 늑대나 곰 같은 대형 포식 동물의 박멸이 발굽 동물의 걷잡을 수 없는 증가로 이어지는 경우가 적지 않다는 것은 잘 알려진 사실이다. (현재 스페인의 멧돼지도 이런 현상을 보인다.) 고양이를 가축화한 것이 쥐로 인한 질병을 통제하기 위함이라는 사실도 누구나 알고 있다.

앞에서 이야기했듯이, 조절 서비스는 농업 분야의 잠재적 해충뿐만 아니라 생태계의 모든 종에 영향을 미친다. 나는 이미 캘리포니아의 해달과 성게, 거대한 해초 숲 이야기를 수차례 한 적이 있다. 내가 그 이야기를 좋아한 것은 해달 그 자체 때문이기도 했지만—1985년 몬터레이만의 산타크루즈 대학교에서 열린 학회에서 해달을 직접 보고 즐길 수 있었다—그 이야기가 생태계의 복잡한 상호작용을 드러낼 뿐만 아니라, 자연을 연구하는 우리 모두에게 겸손해야 한다는 메시지를 전해주기 때문이다. 해달은 정말 매력적인 동물인데, 몸무게는 20~30킬로그램 정도이고, 커다란 봉제 인형처럼 길고 촘촘한 털에 눈에 띄는 멋진 수염을 가지고 있다. 이들은 무리를 지어 생활하며, 대부분의 시간을 물속에서 보낸다. 바다달팽이나 성게를 잡으면 몸을 뒤집은 채 둥둥 떠서 배를 식탁 삼아 먹이를 올려놓고 느긋하게 먹는다.

　북태평양의 아시아와 아메리카 대륙 연안에서 주로 발견되는 해달은 18세기와 19세기에 값비싼 모피에 이용되면서 거의 멸종 단계에 이를 정도로 심한 박해를 받았다. 역사가들은 2세기에 걸쳐 100만 마리에 가까운 해달이 죽었을 것이라고 추정한다. 1911년 미국, 일본, 러시아, 캐나다(당시엔 영국)가 해달 사냥을 금지하는 조약에 서명했을 때만 해도, 전 세계에 해달은 2천 마리도 채 안 남았고 이들에겐 암울한 미래만 예견되었다. 그러나 현실은 그렇지 않았다. 20세기 내내 (이식하는 방식으로) 개체 수가 조금씩 회복되면서 해달은 원서식지의 3분의 2를 다시 차지할 수 있게 되었는데, 이는 적극적인 생물 보호 역사에서 가장 주목할 만한 성공 사례 중 하나로 여겨진다.

　흥미롭게도 전문 자연생태학자들은 해달이 특정 해안 지역에 재정착할 수 있느냐는 질문에, 그곳이 서식지로 그리 적절하지 않다며 지속해서 부정적인 답을 내놓았다. (여기서 우리는 겸손해야 한다는 사실을 새롭게 배울 수 있다.) 예컨대 해달에게는 거대한 해초 숲 같은 곳이 필요했는데, 그 지역에는 그런 곳이 없다는 것이다. 그러나 훗날 밝혀진 바에 따르면 해달은 원서식지보다 헐벗은 이곳으로 와서 훨씬 더 성공적으로 번식했다. 게다가 시간이 조금 지나자 그 지역은 해초로 뒤덮였다. 해달은 기존의 서식지에 적응한 것이 아니라 오히려 도착하자마자 서식지를 바꿔놓은 것이다. 어떻게? 우선 성게의 개체 수를 조절했다. 해달이 없는 곳에서는 성게(그리고 일부 대형 연체동물)가 너무 많아 해초가 제대로 자랄 수 없었다. 성게는 해초를 뿌리부터 먹어치웠고, 바다는 해초가 자라지 않는 황폐한 곳이 될 수밖에 없었다. 해달은 이곳에 도착하자마자 먹이가 널린 곳을 발견하고 빠르게 번식한 덕에 먹이인 성게의 개체 수가 급감했고, 그 결과 해초가 다시 번성할 수 있었다. 성게, 전복, 바다달팽이는 감소했지만(어부들의 불만이 컸음은 분명한 사실이다), 해초의 도움을 받을 수 있었던 물고기는 크게 증가했다. 해달이라는 하나의 종은 먹이가 되는 성게의 개체 수를 제한함으로써 전체 생태계를 변화시켰고, 그 결과 그 지역의 핵심 종으로 자리 잡았다.

아무튼 가장 잘 알려진 해충 방제사는 새다. 둥지 상자를 지켜보거나 정원에 있는 둥지를 발견한 덕에 식충성 새의 양육 과정을 가까이서 지켜본 경험이 있는 사람이라면, 새들이 새끼에게 먹이를 물어다 주기 위해 엄청난 수고를 하면서 끊

임없이 오간다는 사실을 잘 알고 있을 것이다. 요즘은 전 세계 어느 곳이나 새들의 개체 수가 줄었다. 우리 가족이 사는 부르고스주의 세다노 역시 마찬가지다. 그래서인지 예전엔 여름만 되면 수영장이 딸린 작은 집 울타리 뒤에서 정기적으로 새끼들을 기르던 나무발바리가 몇 년 전부터는 거의 보이지 않는다. 옛날 번식기에는 우리 집에서 몇 미터 떨어진 둥지에 당당하게 들어왔을 뿐만 아니라, 쉴 새 없이 1분에 한 번씩 들락날락했다. 그 새들을 보면서도 우리는 믿기 어려웠다. "저렇게 많은 거미, 바구미, 딱정벌레, 집게벌레, 작은 애벌레를 도대체 어디서 찾아내는 거지? 새들이 없었다면 저 벌레들이 우릴 끊임없이 공격했을 거야." 사실 나무발바리는 먹을거리를 끊임없이 찾아 나섰고, 우리 주변에서 번식하는 수천수만 마리의 여타 식충성 새들 역시 마찬가지였다.

2002년 발표되어 고전이 되어버린 연구에서 네덜란드의 학자인 크리스털 몰스와 마르설 비서르는 플라스틱 그물을 이용하여 새들의 접근을 막았다. 특히 노랑배박새가 다른 나무에는 마음대로 접근할 수 있도록 하면서도, 실험 대상인 된 과수원의 사과나무에 접근하는 것만 막았다. 애벌레의 수와 연중 가장 피해가 컸던 시기 등의 미세한 차이를 차치하면 새가 접근하지 못한 나무는 한 그루당 평균 4.65킬로그램의 과일밖에 생산하지 못한 데 반해, 새의 접근을 허용했던 나무는 한 그루당 평균 7.76킬로그램의 과일을 생산했다. 이 연구진은 노랑배박새를 위한 둥지 상자를 설치했던 상업용 사과나무 농장과 그렇지 않았던 농장을 대상으로 한 후속 연구에서, 번식기의 새가 있는 구획에서는 유충에 의해 피해를 본 사과의 비율이 절반으로 줄었다는 것을 증명했다.

이보다 훨씬 더 많은 사례가 있다. 우리에게 친숙한 제비 한 쌍은 매일 1,700마리의 파리와 모기를 잡아먹는다. 따라서 칼새, 흰턱제비와 함께 제비는 여름철 모기와의 전투에서 매우 훌륭한 연합군인 셈이다. 그런데도 우리는 그들의 둥지를 파괴함으로써 대가를 치르곤 한다. 이탈리아 북부에서는 후투티가 땅속에 묻혀 있는 소나무재주나방 번데기의 70퍼센트 정도를 잡아먹는다. 덴드로코포스속의 딱따구리 두 종은 겨울을 난 사과나방 유충의 50퍼센트 이상을 제거한다. 올빼미와 같은 야행성 맹금류가 설치류 창궐을 막는 데 어떤 역할을 하는지에 대해서도 활발한 논쟁이 있었다. 스페인에서는 '자생 야생동물과 그 서식지 회복을 위한 단체GREFA'의 활동가들과 바야돌리드 대학교 팔렌시아 캠퍼스의 후안초루케 연구팀이 관련 연구를 수행했다. 카스티야이레온 지방을 주기적으로 쑥대밭으로 만들었던 들쥐에 관한 연구로 많은 관심을 끌었다.

1970~1980년대 두에로 고원에의 관개 농지 확장에 힘

입어 유라시아 밭쥐가 정착한 이후 눈에 띄게 개체 수가 증가하거나 감소하는 일이 주기적으로 반복되었다. 대략 5년마다 이런 재앙에 가까운 현상이 일어났는데, 그때마다 농업에 심각한 피해를 안겨주곤 했다. (피해가 정점에 달했던 2007년에 카스티야이레온 주정부는 설치류 방제에 1,500만 유로를 쏟아부었고 농민들에게 피해 보상으로 900만 유로를 지급했다.) 가장 흔한 대응책은 대규모로 항응고 독성 쥐약을 사용하는 것이었다. 그러나 이는 산토끼, 비둘기, 자고새뿐만 아니라 밭쥐의 천적으로 보호의 대상이었던 동물에게도 심각한 영향을 미쳤다.

    2009년 연구진은 2007년에 밭쥐로 인해 심각하게 피해를 본 지역에서 2천 헥타르 규모의 여섯 구역을 고른 다음, 이 중 세 곳에는 올빼미와 황조롱이(매과)를 위한 둥지 상자를 기둥 300개에 각각 매달아 설치하고, 나머지 세 곳에는 설치하지 않았다. 둥지 상자를 설치한 구역에서는 둥지 상자가 없는 곳보다 번식 중인 매가 눈에 띄게 증가했다. (올빼미도 증가했지만 매보다는 덜 눈에 띄었다.) 그리고 겨울에는 기둥을 사냥의 출발점이자 망대로 삼는 들쥐수리도 눈에 띄게 늘어나는 것이 보였다. 이런 차이는 특히 밭쥐가 소규모로 증가했던 2011년과 대규모로 증가했던 2013~2014년에 더 뚜렷하게 나타났다. 맹금류가 서식하던 곳만 살펴봤을 때, 2011년에는 설치류의 개체 수가 적거나 안정적이었던 반면,

2014년 밭쥐의 개체 수가 정점을 찍었던 해에는 맹금류의 효과를 입증할 수 없었다.

이를 바탕으로 연구팀은 황조롱이와 올빼미를 비롯한 여타 종들이 개체 수 증가 단계에 들어선 밭쥐의 밀도를 지역적으로 감소시킬 수 있다는 사실은 의심의 여지가 없지만, 선택된 공간 단위에서는 개체 수의 폭발적 증가를 막지 못한다고 결론 내렸다. (다시 말해 밭쥐 개체 수 증가를 해당 구역 외부에서 일차적으로 통제하지 못하면, 해당 구역도 영향을 받을 수밖에 없다.) 연구 결과는 상당히 고무적이었다. 2019년 주정부는 둔덕을 태우거나 쥐약을 설치하는 대신 맹금류가 번식할 수 있는 수천 개의 둥지 상자를 설치하기로 결정했다.

밭쥐와 관련한 카스티야이레온의 사례는 전 세계의 해충 방제 현장에서 일반적으로 일어나는 현상을 잘 보여준다. 살충제로는 문제 되는 동물을 박멸할 수 없을 뿐만 아니라, 오히려 반대로 해충을 통제했던 동물을 제거하여 문제를 더 악화시킨다는 것이다. 항응고 독약은 분명히 밭쥐를 죽일 테지만 전부 죽이지는 못한다. 게다가 결국엔 밭쥐를 잡아먹는 올빼미와 족제비를 독살하게 되어 다음번에는 전염병이 휠씬 더 심하게 창궐할 것이다.

　이런 현상은 곤충의 경우에 더 뚜렷하게 나타난다. 식물을 먹고 사는 곤충(해충이 될 수도 있다)은 오랜 세월 진화를 통해 (세상이 만들어질 때부터 식물이 자신을 방어하기 위해 사용했던) 독성에 대한 내성을 기를 수 있도록 이미 훈련받았기 때문이다. 반대로 다른 곤충을 잡아먹고 사는 거미 같은 곤충과 박쥐, 새 등의 포식자는 이런 능력이 부족하기에 대부분 독살될 수밖에 없다. 살충제의 남용은 기존의 해충을 오히려 (내성을 길러) 강화하고, (해충을 통제하던 천적을 사라지게 함으로써) 새로운 해충의 출현을 앞당긴다. 다시 말해 단기적, 중기적으로 살충제는 오히려 해충을 만들어낸다. 이것은 과장이 아니다. 미국 국립연구위원회는 1980년대에 작성된 보고서에서, 당시 캘리포니아에서 가장 심각했던 해충 25종 가운데 24종이 살충제 사용으로 인해 발생했다고 밝혔다. 그 결과 전 세계에서 해충 피해는 전혀 줄어들지 않은 데 반해, 해충을 통제하기 위해 사용되는 화학물질의 비용은 지속 불가능할 정도로 계속해서 증가하고 있다.

　따라서 이 같은 처리 방식의 변화는 불가피하다. 유엔식량농업기구FAO는 소위 '해충 통합 방제'라는 방법을 장려하고 있다. 해충 통합 방제란 공격적인 행위(예를 들어 화학적 방제)를 피하고, 생물학적 방제에 뿌리를 둔 자연적인 해결책

(포식자와 그 서식지를 보호하는 것 등)에 기대어 피해를 최소화할 방법을 모색하는 것이다. 이제는 잘 알겠지만, 박쥐를 보게 되면 바이러스를 생각하지 말고 우리를 모기로부터 해방시켜준다는 사실을, 그리고 우리가 많은 걸 먹을 수 있게 도와준다는 사실을 먼저 떠올려보자.

물을 정화하고
해안을 보호하는

굴
덕분에

"마을 사람들은 줄곧 그 멋진 진주에 대해, 진주가 어떻게 발견되었는지, 또 어떻게 사라지게 되었는지에 대해 끊임없이 이야기했다. 어부인 키노와 그의 아내 후아나, 아기 코요티토에 대해서도 이야기했다." 20세기 초 존 스타인벡이 멕시코 코르테스해 연안을 배경으로 쓴 아름답고 슬픈 이야기 『진주』는 이렇게 시작한다. 코요티토가 전갈에 쏘였지만, 부모가 치료비를 낼 능력이 없다는 이유로 의사는 치료를 거부한다. 키노와 후아나의 유일한 희망은 멋진 진주를 캐는 것이었기에, 키노는 여느 날처럼 있는 힘껏 숨을 쉰 후 "크게 힘들이지 않고 2분 이상 머무를 수 있는" 깊은 바다에 들어가 바위에 붙은 굴을 따냈다. 이에 대해 스타인벡은 이렇게 썼다. "그것은 오랜 옛날 스페인 국왕을 유럽 최고의 권력자로 이끌었고, 전쟁 비용을 댈 수 있게 도왔으며, 그의 영혼을 축복하기 위한 교회 장식에 돈을 댈 수 있게 해줬던 광맥과도 같은 것이었다." 키노는 "달처럼 완벽한, 세상에서 가장 큰" 멋진 진주를 발견했다. 그 순간 행복에 젖은 키노와 후아나는 진주를 품은 굴 중에서도 최고의 종에만 붙였던 이름인 진주조개에 깊은 감사의 마음을 느꼈을 것이다.

큰굴, 굴*, 바지락, 홍합, 맛조개 등은 이매패류에 속하는 연체동물이다. 그리고 다른 그룹에 속하긴 하지만 달팽이, 군소, 민달팽이, 삿갓조개 같은 복족류 역시 연체동물이고, 문어, 갑오징어, 오징어 같은 두족류도 또 다른 종의 연체동물이다. 전 세계에는 9만여 종의 연체동물이 존재하는데, 그중 1만 5천여 종은 이매패류이고, 7만 2천여 종은 복족류, 1천여

---

* 스페인어로 'ostra'는 일반적인 굴을 가리키며, 'ostión'은 멕시코를 비롯한 중미 지역에서 특정 종류의 큰굴을 가리킬 때 주로 사용한다. 본문 글에서는 원문에 따라 둘을 구분해 번역했다.

종이 두족류다. 오래전부터 연체동물들은 인류의 식량원으로 관심을 받았으며, 단단한 껍데기를 가지고 있는 경우에는 장식용으로 인기를 끌었다. 모든 이매패류는 껍데기를 가지고 있으며(이매패라는 이름은 자신의 몸을 보호하는 2개의 패각, 즉 껍데기를 의미한다) 달팽이와 함께 선사시대부터 식용 및 장식용으로 귀한 대접을 받았다.

몇 년 전 우리 인간은 하루의 절반을 물속에서 보내는 영장류에서 진화했다는 수생유인원 가설이 상당히 인기를 누렸다. 이 가설은 인간이 털이 별로 없고, 체지방 비율이 높으며, 유아기에도 수영을 할 수 있고, 생선이나 조개를 좋아하는 이유를 잘 설명해줄 수 있다고 여겨졌다. 이 가설은 완벽하게 신뢰를 잃었지만, 일부 과학자들은 대부분 이매패류의 소비를 통해 얻을 수 있는 특정 지방산(특히 오메가-3 지방산인 DHA)의 섭취가 인간의 뇌 진화에 결정적인 역할을 했다고 생각한다. 남아프리카의 피너클 포인트라는 곳에서 연구를 수행한 고고학자 커티스 마린은 19만 5천 년 전에서 12만 3천 년 전 사이의 빙하기에 인류가 내륙에서 얻을 수 있는 동식물 섭취를 그만두고 활발한 조수간만의 차를 이용하여 해안 조개류 채취에 집중했음을 발견했다. 마린은 "해양 먹이사슬에 접근할 수 있었던 것이 생식력, 생존 능력, 그리고 뇌 건강을 비롯한 전체적인 건강에 엄청난 영향을 주었다"라고 이야기했다.

같은 선상에서 생리학자인 마이클 크로퍼드는 동위원소 표지 지방산을 이용한 실험을 통해 실험용 쥐의 뇌에는 해산물에서 얻은 지방산이 식물에서 얻은 지방산보다 훨씬 더 효과적으로 흡수된다는 사실을 밝혔다. 이는 스티븐 커네인 같은 학자들의 견해와도 일치한다. 즉 수생 식품이 (지방산뿐만 아니라 요오드, 아연, 셀레늄 같은 여타 필수 영양소를 갖추고 있어) 우리 뇌 형성에 중요한 역할을 했다는 것이다. 다만 우리 조상은 수백만 년에 걸쳐 호수와 강의 조개류와 물고기에서 이런 영양소를 얻을 수 있었을 거라고 커네인은 생각했다. 어쨌든 커네인은 다음과 같이 결론을 맺었다. "인류가 대륙에서 얻을 수 있었던 물고기보다 훨씬 더 풍부하고 예측 가능했던 영양 공급원인 아프리카의 해안 먹이사슬에 접근할 수 있게 되자 뇌의 발달과 문명의 진화가 폭발적으로 일어날 수 있었다." 한마디로 굴과 조개를 포함한 식단 덕분에 우리가 지금의 모습을 가질 수 있었던 것이다.

영양도 많고 얻기도 쉬웠기 때문에 연체동물이 선사시대 인류의 생계에 아주 중요했을 거라는 데는 의심의 여지가

없다. 스웨덴의 의사 렘포 쿠이페르스는 세 가지 유형의 식단을 비교했다. (고고학 유적지에 기반하여) 구석기시대에 살았던 동아프리카의 수렵채집인과 현재 이 지역에 사는 사람들 그리고 서양인들의 식단을 비교한 것이다. 그가 내린 결론은 과거와 현재 모두 동아프리카인은 오늘날의 서양인에 비해 탄수화물과 리놀레산(오메가-6 지방산)은 적게 섭취했지만, 단백질과 물에서 얻은 지방산(오메가-3 지방산)은 더 많이 섭취했다는 것이다. 이를 바탕으로 그는 이러한 차이가 21세기에 만연하는 일부 질병(심혈관 질환, 당뇨병, 일부 암 등)과도 관련될 것이라는 생각을 내비쳤다.

조개류는 언제나 많이 소비되었지만 세계적인 차원에서 최소한 이매패류의 소비는 계속 증가하고 있다고 이야기할 수 있다. 일반적으로 고가로 거래되는 굴부터 비교적 싼 큰굴, 그리고 사람들에게 인기가 많은 홍합과 바지락, 새조개, 맛조개 등이 여기에 포함된다. 1995년부터 2015년까지 전 세계 시장에 공급된 이매패류의 양은 연간 500만 톤에서 1,600만 톤으로 증가하여 해양 생산물의 약 14퍼센트를 차지했다. 야생 이매패류의 직접 어획량은 지난 50여 년 동안 매년 200만 톤 정도로 비교적 안정적으로 유지되었다. 반면에 해양 양식을 통한 생산량은 특히 중국에서 끊임없이 증가하여 1970년에는 100만 톤을 약간 상회했지만 2015년에는

1,400만 톤에 달했다. 오늘날 전 세계 소비량의 약 90퍼센트는 해양 양식장에서 생산되고 있다. 최근 보고에 따르면 유럽에서는 매년 61만 톤의 이매패류가 양식되고 있는데, 여기에는 스페인의 양식장에서 채취된 홍합 22만 8천 톤과 프랑스에서 재배된 굴 12만 5천 톤이 포함된다. 인간이 소비하는 식용 이매패류의 직접적인 시장가치는 대략 연간 230억 달러로 추산되는데, 관련 상품의 생산과 이와 연결된 서비스(포장, 보관, 운송, 요식업) 등에서 발생하는 수입을 고려하면 시장가치는 상당히 증가할 것이다.

어쨌든 지구의 80억 인구가 먹는 모든 것은 자연산이든 양식으로 얻은 것이든 생물다양성에 의존하고 있다. 이 책을 시작하면서 분명히 밝혔지만, 다양한 생물이 보여주는 너무나도 명백한 기여에 고마움을 표하는 것이 내가 의도하는 바는 아니다. 하지만 이매패류를 장식용으로 활용하는 것은 언급하지 않을 수 없다.

고고학자인 내 동생 헤르만은 해안에서 수백 킬로미터 떨어진 구석기시대 유적지에서 당시 목걸이와 팔찌의 구슬로 사용된 조개껍데기와 달팽이가 발견되었다고 여러 번 이

야기했다. 우리가 어린 시절을 보낸 부르고스주 세다노에 있는 일부 고인돌에서도 칸타브리아해에서 온 조개껍데기뿐만 아니라, 500킬로미터 이상 떨어진 지중해에서 온 조개껍데기도 발견되었다. 동생은 이 주제를 다룬 고전으로 프랑스인인 타보랭의 책을 소개했다. 이 책에서 타보랭은 프랑스 남서부의 도르도뉴에서 인간의 장신구로 사용된 조개껍데기를 발견했는데, 여기에는 신생대, 특히 마이오세기의 작은 뿔 모양의 소라 화석도 포함되어 있었다고 밝혔다. 선사시대 사람들에게는 이런 물건들이 정말 소중했을 테고, 그래서 다른 물건들과 교환하여 아주 소중하게 간직했을 것이다. (작은 카우리 조개를 예로 들 수 있는데, '화폐'를 의미하는 학명인 Monetaria moneta에서도 알 수 있듯이, 이 조개는 19세기까지 인도양 연안의 많은 곳에서 화폐로 사용되기도 했다.)

자신을 멋지게 꾸미려는 욕망은 언제나 의식의 지표로 간주되었으며, 이와 더불어 상징 능력, 미적 감수성, 언어 능력의 지표로도 여겨졌다. 이 모든 것은 4만 년 전 소위 후기 구석기 혁명기에 일어난 우리 인간만의 고유한 특성이었다. 수십 년 전에 현재는 멸종된 네안데르탈인 유적지에서 출토된 개인 장신구를 두고 학자들 사이에서 논의가 시작되었을 때, 정설만 고집했던 학자들의 의견은 일단 회의적인 쪽으로 기울었다. 네안데르탈인은 현생 인류와 공존했기에 어떤 식으로든 현생 인류의 보석 장신구를 자기 것으로 만들었거나 기껏해야 자신이 무엇을 하는지도 모르면서 장신구를 모방했을 것이라는 의견이었다.

주앙 질량이 이끈 연구팀도 카르타헤나 인근의 로스 아비오네스 동굴에서 목걸이 구슬과 비슷한 구멍 뚫린 조개껍데기를 발견하고 유사한 해석을 했다. 이 동굴은 네안데르탈인의 유적지였고 조개껍데기에는 빨간색과 노란색을 색칠한 흔적이 남아 있었는데, 5만 년 전에서 4만 5천 년 전 사이에 만든 것으로 추정되었다. 따라서 현생 인류와의 공존 가능성은 작았지만, 약간의 가능성은 있다고 생각했던 것이다. 그런데 최근 이 연구팀은 『사이언스』에 정정 논문을 발표했다. 그들이 발굴한 유물은 방해석층 아래에서 발견되었는데, 신기술을 적용해 연대 측정을 한 결과 11만 5천 년 전에 만들어진 것으로 밝혀졌다. 따라서 로스 아비오네스 동굴에서 발견된 목걸이의 조개껍데기는 지금까지 알려진 바로는 세계에서 가장 오래된 장신구로 현생 인류가 착용한 것이 아니었다.

보석 이야기가 나왔으니, 다시 존 스타인벡의 작품 『진주』의 배경이 되었던 곳으로 돌아가보자. 2011년 가을, 나는

몇몇 친지들과 함께 멕시코 바하칼리포르니아수르주의 코르테스해 연안을 따라 100킬로미터가 넘는 거리를 길고 좁은 통나무배를 타고 여행했다. 정말 잊을 수 없는 경험이었다. 잡은 물고기로 저녁을 먹었고, 해변에서 잠을 자고 바다에서 수영을 즐겼으며, 새들로 넘치는 섬에 가까이 가보기도 했고, 쥐가오리가 수면을 박차고 뛰어오르는 모습을 지켜보기도 했다. 바다사자나 고래상어와 더불어 수영을 즐겼고, 우리가 탄 카약에 날아든 날치를 꺼내 들어올리기도 했으며, 녹음이 우거진 오아시스에서 휴식도 취해봤고, 사막의 황량함도 경험했다. 또 동굴벽화도 감상했고, 작은 마을에 살고 있던 상어잡이 어부들과 인사도 나누었고, 이미 버려진 채 박쥐들만 살던 예수회 신부들의 선교지도 방문했다. 로레토에서 시작한 우리 여정은 아구아베르데, 팀바비치, 엘메추도를 지나 에스피리투산토를 잠깐 거쳐, 라파스 북쪽에 있는 푼타코요테까지 이어졌다. 대부분 진주 채취 항로와 일치했다. 우리가 캠핑했던 해변의 경사면은 엄청나게 많은 조개껍데기로 덮여 있었다. 이 광경은 수백 년 동안 이어진 굴 채취 어민들의 삶의 흔적이었다.

정복 이전부터 원주민들은 진주와 진주층, 다시 말해 자개를 얻을 수 있었던 값비싼 진주조개와, 귀처럼 생긴 자개용 조가비 등을 채취해왔다. 두 종 모두 진주조개과, 즉 진주를 만드는 굴에 속한 종으로 주로 열대 및 아열대 바다의 해안 석호, 만, 하구 습지처럼 강한 조류의 영향을 받지 않는 곳에 서식하는데, 식용 굴과는 다른 종이다. 여기에 속하는 20여 종의 조개는 껍데기 내부가 얇은 진주층으로 덮여 있는데, 이는 콘키올린이라는 유기물질이 만드는 매트릭스, 즉 구조적인 틀에 싸인 (특히) 탄산칼슘의 결정체다. 이 진주층은 빛을 받으면 아름다운 광채와 (진주의 '오리엔트'라고 불리는) 무지갯빛을 낸다. 진주 내부 결정의 완벽함이 오리엔트의 아름다움을 결정한다. 그리고 이는 크기, 형태, 색과 함께 진주의 가치를 결정한다. 오리엔트를 잃은 진주는 죽은 진주로 간주되어 아무 가치가 없다.

그렇다면 진주는 어떻게 만들어질까? 먼 옛날 어떤 시인은 보름달이 뜬 밤에 연체동물의 껍데기를 뚫고 들어온 이슬방울이 곧 진주라고 이야기했다. 다른 시인은 진주는 사랑에 빠진 요정이나 세이렌의 눈물인데, 굴이 이를 보물처럼 지키고 있다고 이야기했다. 이런 상상은 아름답긴 하지만, 현실은 이보다는 평범하다. 여과 동물(이에 대해선 뒤에서 다시 다룰 것이다)인 굴은 외부에서 온 물질을 받아들여, 유용한 것(먹이)은 남기고 나머지는 버린다. 그런데 가끔 단단한 입자(작은 돌멩이, 굵은 모래알, 조개껍데기 조각)나 기생충 같은 것이 껍데기 안쪽에 자리를 잡기도 한다. 굴은 이를 제때 배출하지 못하면, 염증이 생기는 것을 막으려고 진주층을 이용하여 일종의 낭종처럼 감싼다. 이 낭종은 껍데기의 진주층에 붙어 형성되기도 하고(이 경우 반진주가 된다) 어떤 때는 이 동물의 몸 안에서 자유롭게 돌아다니기도 한다.

자연 상태에서 진주가 형성되는 데는 몇 년씩 걸릴 뿐만 아니라, 일상적으로 일어나는 일은 아니다. 1951년 바하칼리포르니아의 진주잡이 선단을 방문했던 멕시코 기자 페르난도 호르단은 이런 글을 썼다. "작은 진주는 1천~2천 개, 조금 큰 것은 5만 개, 품질이 좋은 진주는 10만~30만 개, 아주 품질이 좋은 것은 100만 개 가까운 조개가 필요하다. 영국 왕실의 왕관에서 빛나고 있는 52캐럿의 진주는 3세기 동안 끊임없이 조개잡이를 해도 단 1분의 행운이 없으면 얻기 힘들다." (52캐럿의 환상적인 오리엔트를 가진 그 진주는 바하칼리포르니아에서 스페인 왕실로 갔다가, 알려지지 않은 이유로 다시 영국 왕실로 넘어갔다.)

연구자인 미첼리네 카리뇨와 마리오 몬테포르테는 "과잉 채굴에서 지속 가능성으로"라는 부제를 단 책과 수 편의 논문을 통해 전 세계 진주 채굴의 역사를 이야기했다. 페르

시아만과 홍해와 같은 일부 지역에서는 2천 년 넘게 그 유명한 동방의 진주를 얻기 위해 끊임없이 굴을 채취해왔다. 플리니우스는 진주 무역의 중심지로 바레인 인근 지역을 언급했고, 바레인은 석유에 모든 것을 의존하기 시작한 20세기 초까지는 주로 진주를 바탕으로 생활을 영위했다. 아메리카 대륙에서의 진주 채굴은 정복 이후부터 집중적으로 이루어졌다. 스페인 사람들은 카리브해 원주민들이 착용하고 있던 진주와 자개 장신구의 아름다움에 주목했고, 훗날 금광과 은광이 발견될 때까지 진주조개 찾기는 신대륙에서 유럽인들의 확장 정책을 이끄는 중요한 원동력이었다.

바하칼리포르니아 사람들은 일차적으로는 먹기 위해 굴을 땄지만, 진주를 발견하면 몸을 치장하는 데 쓰기도 했다. 에르난 코르테스는 남해(당시엔 태평양을 이렇게 불렀다)에 위치한 진주조개 채취장 이야기를 듣고 1535년에 섬이라고 생각한 이 지역을 직접 방문했다. 그는 스페인 왕실을 위해 이 땅의 소유권을 분명히 한 다음, 현재의 라파스만 위치에 작은 마을을 건설하고 '산타크루즈의 항구와 만'이라는 이름을 붙였다. 그런데 기후가 별로 좋지 않았고 유목민이었던 원주민들이 제공할 만한 것도 없어서 이곳에 정착하려 했던 첫 번째 시도는 실패로 끝나고 말았다. 그 후 170년 동안 진주를 얻기 위해 끊임없이 반도 이곳저곳에 대한 탐험이 이루어졌다.

1586년부터는 스페인 왕실이 진주 채굴장의 소유권을 선포하면서 허가를 받아야만 진주를 채굴할 수 있었으며, 채굴한 진주의 5분의 1을 세금으로 바쳐야 했다. 지역 역사학계에서는 17세기를 '진주를 찾아 나선 사람들의 세기'라고 부르는데, 그렇다고 코르테스를 비롯한 사람들이 성공을 거뒀다는 의미는 아니다. 그들은 안정적인 식민지 건설도 실패했고, 원주민 잠수부를 이용한 어업에서도 일정한 수익을 얻지 못했으며, 작은 성공과 큰 실패를 반복했다. 1697년부터 1788년까지 예수회 신부들이 이 반도를 점유하는 동안에는 지역민에게 부과된 강제 노동을 막기 위해 진주 채취 선단을 만드는 일이 금지되었다.

그러다 1830년 바하칼리포르니아의 진주 산업에 엄청난 변화가 일어났다. 콩비에라는 성을 가진 프랑스인이 주인공이었는데, 그는 해변에 버려져 있던 수 톤의 진주조개 조가비를 배에 실어 유럽과 교역에 나서면 돈벌이가 될 거라고 판단했다. 그는 성공을 거뒀다. 진주층은 고급 상감세공과 보석에 사용되기 시작했고, 단추 제작에도 사용되었다. 그러자 스페인 해군은 예전에는 방치했던 조가비를 보호하기 시작했다. 덕분에 (반드시 진주를 찾아야 한다는) 자원에 대한 압박이 줄어들었고, 어업 채산성도 한층 더 예측 가능해졌다. 카리뇨와 몬테포르테에 따르면 진주와 조가비 무역은 라파스항의 주요 경제활동이 되었다.

　　1874년에는 또 다른 새로운 일이 벌어졌는데, 이는 중기적으로는 많은 수익을 보장했지만, 장기적으로는 재앙에 가까운 결과를 초래했다. 그것은 잠수복과 외부로부터 산소를 공급받는 기계식 잠수법이 도입된 것이다. 이런 방식으로 진주를 채굴하려면 도구를 구입하는 데 많은 투자가 필요했기 때문에 정부의 허가를 취득한 자본주의식 기업이 만들어지기 시작했다. 이는 '칼리포르니아만 해양자원 채굴의 절정기'를 의미했으며 '엄청난 부를 창출'했다. 19세기 말, 굴 채취업은 사실상 영국 자본이 설립한 회사인 망가라의 독점 사업이었는데, 1912년 지속적인 착취로 인해 계약이 파기되었다. 그러나 그보다 앞서 프랑스 출신으로 바하칼리포르니아에 살던 어업 기술자인 가스통 J. 비베스는 프랑스에서 굴과 식용 홍합 재배를 배워, 망가라가 조업권을 가지고 있지 않던 에스피리투산토섬에서 세계 최초의 진주 양식 사업을 성공리에 시작했다.

　　비베스가 설립한 양식장의 흔적은 아직도 섬에서 찾아볼 수 있다. 이 사업은 11년밖에 지속되지 못했지만, 그동안 라파스에서 가장 중요한 고용 창출원이었다. 1천만 개의 진주조개를 양식했고 파리로 수 톤의 진주 조가비와 수백 개의 멋진 진주를 수출한 결과, 오늘날 회사 창업자의 이름이 프랑스 과학아카데미에 금으로 새겨지기까지 했다. 1914년 비베스의 성공을 시기한 혁명군 대령은 권력을 남용하여 시설을 파괴했고 비베스 자신도 하마터면 목숨을 잃을 뻔했는데, 미국 선박까지 헤엄쳐 간 덕에 도망칠 수 있었다. 양식장은 재개되지 않았고, 진주가 가져다줬던 풍요도 꺾일 수밖에 없었다. 1939년부터는 미국 콜로라도강의 댐 건설로 인해 염분이 증가하면서 많은 진주조개가 폐사한 탓에 자연산 진주의 거래가 거의 끊기다시피 했다. 전 세계 거의 모든 곳에서 자원이 고갈된 데다가 (큰 구형 핵을 가진) 양식 진주가 천연 진주와 구별이 안 되었기 때문이다. 호르단이 그곳에 갔던 1950년대에는 진주조개의 채취장이 이미 사라져버렸기 때문에 진주층을 가진 조개껍데기만 채굴되고 있었다. 21세기 초 우리가 그곳을 방문했을 때는, 한때 광적으로 진행되었던 채굴 활동을 상기시키는 작은 산만 한 패총만 동그마니 남아 있었다.

진주 채취용이든 식용이든, 굴 채취 산업의 붕괴는 이 책 전반에 걸쳐 자주 반복되는 질문을 우리 스스로에게 던져 볼 좋은 기회를 제공한다. 우리 인간은 굴을 잃음으로써 삶

의 질적인 측면에서 과연 무엇을 잃게 되었을까? 다시 말해 우리가 눈치채지 못하는 동안에 굴은 우리를 어떻게 돕고 있었을까? 굴, 큰굴, 가리비, 바지락, 홍합, 큰가리비, 맛조개 등과 같은 대부분의 이매패류는 바닷물을 여과하여 먹이를 얻는다. 입수관을 통해 받아들인 물이 아가미를 지날 때 먹이가 될 수 있는 입자를 거른 다음, 나머지 물은 출수관을 통해 다시 외부로 내보낸다. 선택된 물질(주로 식물성 플랑크톤이지만 가끔은 박테리아가 함유된 폐기물과 용해된 유기물도 있다)은 아가미 섬모에 달라붙어 점액질의 음식물 덩어리가 되어, 입술 수염 쪽으로 옮겨져 입으로 들어간다. 여기서부터 소화가 이루어지는데, 수집된 물질 일부는 점액성 생물 퇴적물(또는 유사 배설물) 형태로 배출되어 다른 저서생물*이(나중엔 이매패류 자신이) 사용하게 된다.

사실 바지락이나 굴은 하나하나가 작은 정화 장치 역할을 한다. 주변에서 물을 모아 유기물을 제거한 다음 깨끗한 물로 만들어 다시 돌려주는 것이다. 굴이 대규모로 폐사한 이후 해안가에서 살아가던 주민들이 가장 먼저 피부로 느낀 것은 수질 저하였다. 탁도가 높아졌고, 미세조류의 대량 번식

---

*　　　바다, 강, 호수 등의 바닥에 서식하는 생물을 총칭하는 말이다.

(독성이 있는 경우는 적조를 유발하기도 한다)이 빈번해져 산소 부족 현상이 자주 나타났다. 미국 동부의 메릴랜드주와 버지니아주 사이의 체서피크만에서는 적지 않은 논란에도 불구하고 이 문제에 관해 많은 연구와 조사가 이루어졌다.

    1988년 발표된 논문에서 메릴랜드 대학교(이 글을 쓰면서 문득 1964년에 아버지가 4개월 동안 이곳에서 강의했던 것이 생각난다)의 로저 뉴얼 교수는 버지니아 굴의 밀도가 줄어든 것이 몇 세기에 걸쳐 체서피크만에 미칠 생태학적인 결과를 보여주었다. 그곳의 굴이 부족하다는 것은 모든 사람이 다 아는 사실이었다. 이 굴은 아주 인기 있는 별미였기에 점점 더 비싼 값을 치르고 사야만 했다. 하지만 생태계의 변화는 그냥 넘어갈 수 없는 훨씬 더 중차대한 이야기였다. 여름에는 심해에 무산소(산소 부족) 현상이 빈번하게 발생하는 등 수질이 악화되고 있다는 확실한 징후가 나타나고 있었다. 전문가들은 이러한 현상이 과도한 영양분과 이에 따른 미생물의 증가로, 미생물이 산소를 소비해 물에 녹아 있는 산소를 고갈시킨 탓이라고 했다. 정부 당국은 1987년 영양염류가 포함된 폐수 방류량을 최소화하고 유기 오염을 40퍼센트 줄이기 위한 법규를 발표했다.

    그러나 뉴얼 교수는 다른 접근법을 제안했다. 그는 19세기 내내 지속 불가능한 방식으로 굴을 채취하기 전까지만 해도 체서피크만에 살던 굴의 개체 수는 20세기 말보다 100배는 더 많았다고 이야기했다. (물론 질병과 수온 상승 역시 개체 수 감소에 영향을 미쳤을 것이라는 점에는 의심의 여지가 없다.) 계속해서 그는 버지니아 굴이 유기물이든 무기물이든 상관없이 3,000분의 1밀리미터보다 큰 부유 입자를 매우 효과적으로 걸러낸다고 덧붙였다. 굴이 아주 많았을 때는 만의 부영양화를 통제할 수 있었는데, 1980년이 되어서는 불가능해진 사실을 왜 생각하지 않느냐고 이야기했다. 그는 숫자를 계산하여 1870년 이전의 굴 개체 수라면 여름에도 3일에서 6일 정도면 만 전체의 물을 정화할 수 있었지만, 1988년 현재 살아남은 소수의 굴 개체 수로 이 정도의 작업을 하려면 325일이 걸린다고 평가했다. (굴은 한 마리가 매일 120~200리터의 물을 정화한다.)

한 걸음 더 나아가 그는 19세기 굴의 개체 수가 1982년에도 유지되었다면 식물성 플랑크톤 생산량의 23~41퍼센트가 줄어들었을 것이라고 추정했다. 그러나 1982년 당시 남아 있던 굴의 개체 수로는 1퍼센트에도 못 미치는 양만 줄일 수 있었다는 것이다. 오늘날의 과다한 식물성 플랑크톤은 요각류와 미세동물성 플랑크톤에 의해 이용될 테고, 이 동물성 플랑크톤은 다시 최근에 부쩍 많아진 해파리와 같은 여타 동물의 먹이가 될 것이다. 이매패류는 물을 여과하고, 입자를 걸러내고, 영양소를 재활용함으로써 자기들이 속한 생태계의 구성과 역학 관계에 변화를 가져온다.

일부 동료들이 뉴얼의 주장에 이의를 제기했는데, 그의 주장 자체를 문제 삼는다기보다 계산에 사용된 가정과 굴과 식물성 플랑크톤 간의 시공간적인 탈동조화 가능성 등에 근거한 것이었다. 그러나 대부분은 그의 아이디어가 체서피크 만뿐만 아니라 그 밖의 지역에서도 동기부여가 될 수 있다고 보았고, 덕분에 이미 수립되었던 연안 해수 정화 계획에 굴과 큰굴의 군락을 포함하는 방향으로 나아갔다. 1994년부터 미국 동부의 굴 복원 프로젝트는 주로 채굴량의 신중한 봉제, 어업이 금지된 보호구역 설정, 군락지의 조건 개선, 어린 개체들의 정착에 도움이 되는 물질의 제공, 연체동물에게 질병을 유발하거나 죽음을 안길 수 있는 기생충에 대한 (저항성을 뛰어넘는) 유전적인 내성을 길러주는 프로그램 등에 기초하여 수립되었다. 또 새로운 아이디어들이 조금씩 힘을 얻었다. 굴을 채취해 먹는 것이 그렇게 부정적인 일만은 아닐 수도 있다는 것이다. 다만 문제는 다른 굴들이 자리를 잡을 수 있는 조가비들이 사라진 곳으로 바다를 방치한 데 있다. 이런 전제하에 뉴욕의 한 NGO는 항구의 물을 정화한다는 최종 목표를 세우고 '10억 개의 굴' 프로젝트를 수립했다.

여름이 되면 굴 성체(굴은 평생 자기의 성을 여러 번 바꿀 수 있다)는 수백만 개의 생식세포를 바다에 풀어놓는다. 물속에서 수정이 이루어지면 곧이어 자유롭게 떠다니는 아주 미세한 유생이 태어나, 조류를 타고 원래 태어난 곳에서 아주 멀리 떨어진 곳까지 이동한다. 유생은 어느 정도 성장하면 바위나 여타 단단한 물질에 붙어 남은 생을 보낸다. 여기까지 성공하는 유생은 얼마 되지 못하며, 당연한 이야기지만 성공하지 못한 유생은 죽을 수밖에 없다. 물론 속이 비어 있든 차 있든, 커다란 조가비는 버지니아 큰굴의 유생이 정착하여 자리를 잡는 안식처로 가장 선호하는 장소다. 수백 년 동안 항구에서 수백만 마리의 연체동물을 채취함으로써 이런 연체동물이 멸종 단계에 들어갔을 뿐만 아니라 미래의 유생들이 정착할 곳 역시 사라져버리는 결과를 가져왔다. 굴의 조가비는 다른 굴을 부르므로, 어쩌면 이는 필연적인 귀결이다.

뉴욕은 수백만 개의 빈 조가비나, 때로는 이미 작은 굴이 붙어 있는 조가비를 바다로 돌려보내 미래 세대를 위한 기반을 만드는 계획을 세웠다. 이러한 목적에서 레스토랑과 일반인들에게 먹고 남은 조가비를 자발적으로 재활용해달라고 요청했다. 이 프로젝트는 뉴욕의 70여 개 레스토랑과 협약을 맺어 조가비를 쓰레기통에 버리는 대신 잘 보관하도록 하고 있으며, 주기적으로 이를 수거하여 맨해튼과 브루클린 사이의 조그만 거버너스섬으로 운반한다. 그리고 1년간 노천에 놓아두고 혹시라도 남아 있는 잔류물을 제거한다. 그런 다음 프로젝트에 적극적으로 참여하고 있는 거버너스섬의 '뉴욕 하버스쿨'로 보낸다. 굴을 양식하는 이 해양생물학 학교의 기술자들과 학생들은 자신들이 생산한 유생을 도와 이용 가능한 조가비에 정착시킨 다음, 미리 골라둔 장소(우선 해안에서 다양한 거리에 있는 12개의 암초)에 가져다 놓는다.

굴이 군락을 이루는 바위는 다른 문제와도 관련이 있다. 2012년 10월 말, 허리케인 샌디가 미국 동부 해안을 강타하여 수많은 사망자를 냈다. 뉴욕에서는 병원에 있던 사람들이 대피해야 했고, 홍수로 인해 지하철과 공항이 폐쇄되었으며, 수백만 명에게 전기 공급이 끊겼다. 당시 전문가들은 굴이나 큰굴이 군락을 이루는 바위가 제거되지 않고 남아 있었더라면 피해가 훨씬 적었을 것이라고 이야기했다. 앞에서 이야기했듯이 굴은 바위나 여타 단단한 것에 달라붙기 시작하는데, 이때부터 다시 족사(홍합 등에서 볼 수 있는 실 모양의 섬유조직)를 이용해 다른 굴에 달라붙어 파도의 충격에 견딜 수 있을 정도의 큰 덩어리를 형성한다. 18세기에는 이것이 항해에 커다란 위험을 초래하기도 했다. 결론적으로 굴 개체 수를 복원하면 바닷물이 정화될 뿐만 아니라 해안도 보호될 것이다. (역사적으로 굴이 만든 암석을 적극적으로 활용했던 카디스에서는—멀리 갈 필요도 없이 특히 교회에서—연체동물들이 암석을 형성하는 능력을 잘 알고 있었다.)

'10억 개의 굴' 프로젝트는 '살아 있는 방파제'라는 또 다른 프로젝트와 함께 뉴욕주 스태튼섬 해안을 따라 2킬로미터에 달하는 인공 암초를 조성하고자 했다. 이 프로젝트는 2010년 뉴욕 현대미술관에서 아이디어를 발표했던 케이트 오르프가 이끄는 '스케이프' 건축 연구소에서 맡았는데, 그녀는 가끔 자신이 건축을 하는지 '굴-건축'을 하는지 모르겠다고 농담을 했다. 허리케인 샌디가 지나간 후 2013년에 케이트 오르프는 복구 작업을 위한 일부 자금을 지원받았고, 2019년에 최종적으로 이 프로젝트를 승인받았으며, 2021년부터는 일부 시설(방파제와 복원된 해변 등)을 가동하기 시작했다. 오르프는 콘크리트와 유리로 만든 기초 위에 진정한 의미의 '살아 있는 방파제' 격인 굴이 정착할 수 있는 시설을 설치함으로써, 침식을 줄이고 지구온난화로 인한 해수면 상승 완화에 도움을 주고자 했다. 여기에 더해 이 구조물은 물을 정화하고 물고기, 게, 불가사리, 멍게를 비롯한 수많은 생물종에게 피난처가 되어주어 해안 생태계를 풍요롭게 한다. 오르프는 2023년에 다섯 번째 오벨 어워드를 수상했는데, 심사위원단은 그녀의 작품에 대해 이렇게 평가했다. "전 세계에 널린 취약한 해안선의 보호에 영감을 불어넣고 긍정적인 영향을 미칠 수 있는, 시대를 앞선 프로젝트다."

그러나 살아 있는 방파제와 생명체의 다양성을 논하면서 산호초를 이야기하지 않고 이 장을 마무리할 수는 없을 것이다. '굴-건축'이라는 단어가 의미 있다는 것을 전제로 하면 '산호-건축'은 더 큰 의미를 지닐 수밖에 없다. 산호는 방파제와 산호초를 구축할 뿐만 아니라 오스트레일리아의 그레이트배리어리프와 같이 2천 킬로미터가 넘는 엄청난 구조물과 수천 명이 살아가는 섬(멀리 갈 것도 없이 몰디브를 생각해보라)을 만들기도 한다. 1831년, 청년이었던 찰스 다윈이 비글호를 타고 그 유명한 탐사 항해를 나섰을 때만 해도 선원과 여행객 모두 산호초를 잘 알고 있었지만, 산호초가 어떻게 형성되는지는 알지 못했다. 다윈은 타히티에서 처음 산호초를 보고 연구하기 전부터도 이 문제를 생각하고 있었다. 영국으로 돌아온 그는 1837년 지질학회에서 산호에 대해 발표했고, 그로부터 5년 후엔 자신의 첫 번째 과학 서적인 『산호초의 구조와 분포』를 출간했다. 그 책에서 다윈은 이후 자신의 작품과 사상에 일관되게 나타나는 생각을 밝혔다. "아무리 작아도 지속적으로 변할 수 있다면, 충분한 시간이 주어졌을 땐 결국 엄청난 변화를 가져올 것이다."

그는 다양한 산호초에 대해 기술한 다음, 이런 산호초는 수천 마리의 작은 생물(부드러운 몸을 가진 폴립)로 이루어졌다고 설명했는데, 이 작은 생물들이 자기 몸 주변에 탄산칼슘으로 된 외골격을 분비하여 산호초를 만든다는 것이다. 폴립이 죽으면 다른 폴립들이 죽은 폴립이 만든 석회질의 토대 위에서 자라, 언제나 살아 있는 폴립은 수면 근처에 있게 되는 형태로 겹겹이 쌓여 결국은 수백 미터의 높이가 될 수 있다. 다윈은 『비글호 여행』에서 이렇게 썼다. "여행자들이 어마어마한 규모의 피라미드나 멋진 유적 이야기를 시작하면 우리는 놀라움을 금치 못한다. 그러나 제아무리 웅장한 유적이라도 다양한 종의 작고 연약한 동물이 쌓아 올린 이 돌산에 비하면 정말 아무것도 아니다." 1881년 한 지질학자가 다윈의 가설을 비판했는데, 임종을 앞두고 있던 다윈은 이에 대해 엄숙하게 반박했다. "어떤 고집 센 백만장자가 태평양이나 인도양의 환초에 천공을 해서 표본을 분석해보길 간절히 원할 따름이다." 70년 후 미국의 지구물리학자들은 1,400미터 깊이의 산호초 밑바닥까지 구멍을 뚫고 분석한 결과, 다윈의 해석이 옳다는 사실을 알 수 있었다.

산호초는 해안과 맹그로브 숲, 해안 석호를 거센 파도로부터 보호해주기 때문에, 섬을 둘러싸고 있는 산호초가 사라진다면 수많은 작은 섬들엔 사람이 살 수 없게 될 것이다. 그뿐만 아니라 산호초는 바다에서 가장 다양하고 생산적인 생태계에 자리를 마련해준다. 괜히 '열대 해양 우림'이라고 부르는 것이 아니다. 산호초가 열대우림보다 훨씬 더 인상적인 곳이라는 사실은 내가 보장할 수 있다. 나는 한때 아마존에서 시간을 보냈는데, 그곳에선 뭔가가 속삭이는 소리, 새들의 노랫소리, 원숭이들의 울음소리 등이 끊임없이 들려오지만, 사실 모든 것을 뒤덮어버리는 녹색의 어둠 외에 아무것도 보이지 않았다. 그러나 (바하칼리포르니아) 카보풀모의 산호초 사이에서 다이빙하면 눈앞에 얼마나 많은 물고기가 지나가는지, 얼마나 많은 불가사리, 갑각류, 해면동물, 해파리가 눈에 띄는지 말로 다 표현할 수 없을 정도다. 전 세계적으로 산호초는 스페인 면적의 절반보다 크지 않은 면적을 차지하지만, 해양 생물의 최대 25퍼센트가 이 주변에 서식하고 있다.

몇 년 전 세계자연기금 WWF의 추산에 따르면, 잘 관리된 산호초 1제곱킬로미터는 매년 최대 15톤의 생선과 기타 수산물을 생산할 수 있다고 한다. 그런데도 오염, 남획, 질병, 수온 상승 등으로 인해 산호초는 서서히 죽어가고 있다. 수온 상승은 폴립이 의존하는 공생 조류의 죽음을 초래하고, 산성도를 상승시켜 석회질 외골격의 구축을 어렵게 한다. 미국 연방 해양대기청NOAA은 2010년에 이런 글을 발표했다. "산호초의 감소와 폐사는 사회, 문화, 경제, 생태 차원에서 전 세계 사람들과 공동체에 엄청난 반향을 불러일으킨다. '해양 열대 우림'이라고 할 수 있는 산호초는 매년 최소 3,750억 달러에 달하는 일자리, 식량, 관광 등의 경제적 서비스를 제공한다."

앞으로 굴이나 큰굴을 생각할 때면 단지 별미나 진주, 진주층의 기원으로만 생각하지 않았으면 좋겠다. 산호를 생각할 때도 낙원 같은 해변과 알록달록한 물고기만 떠올리지 않았으면 좋겠다. 이들은 이외에도 훨씬 더 많은 것을 우리에게 주고 있다.

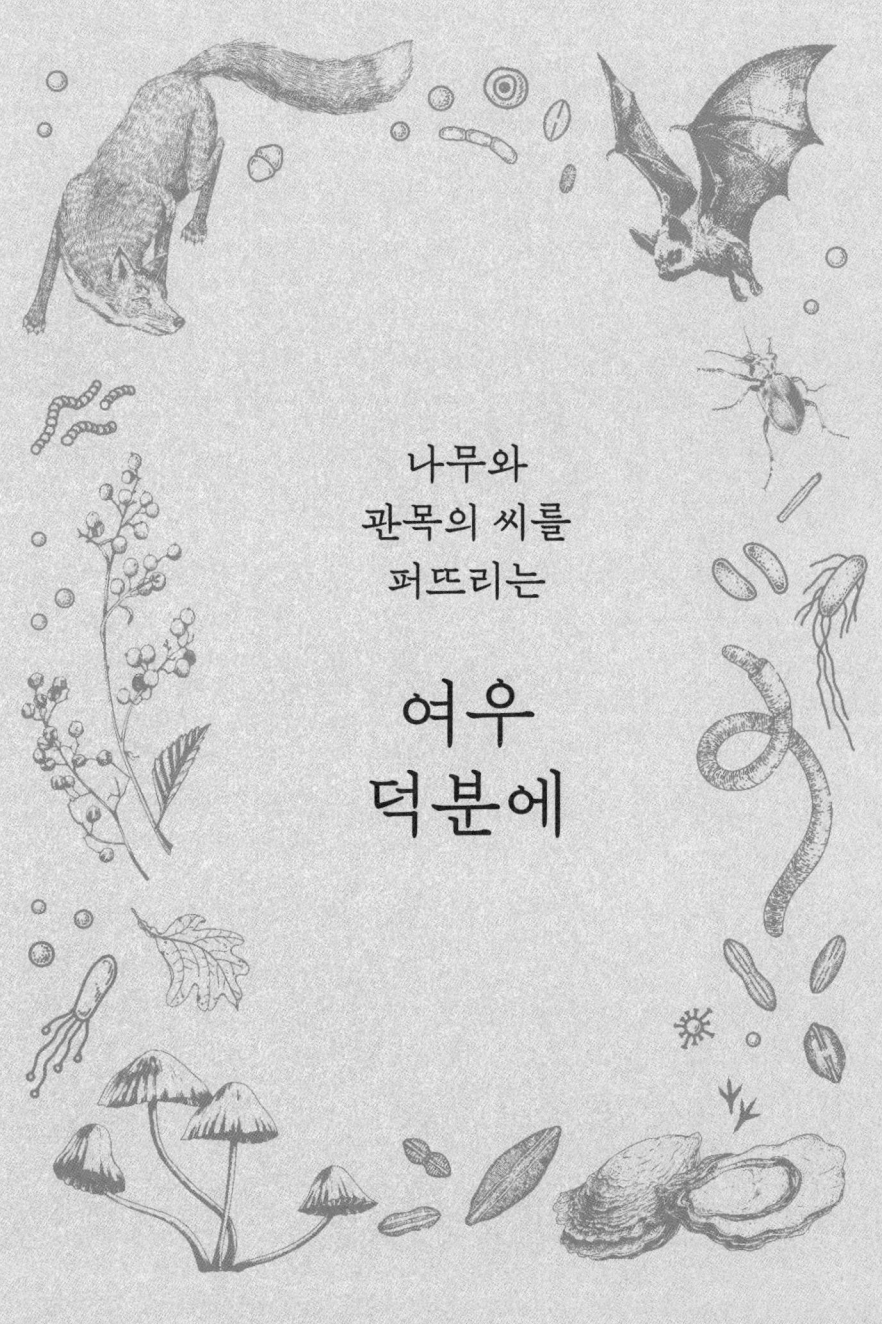

나무와
관목의 씨를
퍼뜨리는

여우
덕분에

우리는 자연이 제대로 돌아가는 것에 너무 익숙해서, 정말 놀라운 일인데도 일상적으로 일어나는 일에 거의 관심을 두지 않는다. (기는줄기, 뿌리줄기, 구근 등에서 돋아나는 새싹 같은) 몇 가지 예외를 제외하면, 공터를 휩쓸고 지나가는 잡초부터 여름마다 우리 집 뒤 언덕에서 늘씬하게 솟아나는 어린나무들, 어느 날 아침 갑자기 우리 정원에 나타나 깜짝 놀라게 하는 작은 쥐똥나무까지, 모든 식물은 씨앗으로 싹을 틔운다. 무언가가 혹은 누군가가 씨앗을 심었겠지만, 우리는 그런 것까진 생각하지 않는다. 나는 종종 이런 새싹들의 모험을, 예컨대 수분된 꽃에서 시작해서 열매로 이어지고 시간이 조금 지나면 씨앗이 되는 모험에 가까운 여행을 마음속으로 재현해보곤 한다. 싹을 틔우고 뿌리를 내릴 수 있었던 이 행운의 씨앗이 어떻게 이곳까지 올 수 있었는지 곰곰이 생각해보기도 했다. 우리 장미꽃 옆에 불쑥 솟아난 쥐똥나무는 누가 언제 심었을까?

거의 40년 전 도냐나 생물보호구역 연구소에서 우리는 이에 대해 전혀 생각지도 않았던 답을 조금이나마 얻을 수 있었다. 칠레의 오소르노 대학교 출신 생물학자 하이메 라우는 우리와 박사학위 논문을 완성하기 위해 아내인 앙헬리카와 함께 스페인에 와 있었다. 그는 국립공원에 사는 여우의 생태를 연구했는데, 특히 여우의 배설물을 수거, 분석하여 무얼 먹고 사는지를 연구했다. 어느 가을날, 그는 어깨에 가방을 메고 모래언덕과 사육 시설이 있던 북서쪽으로 나가, 상당한 크기의 배설물 덩어리를 주워 각각 종이봉투에 담았다. 우기라 배설물에 물기가 조금 있어서 표본을 말릴 생각에, 종이봉투를 플라스틱 쟁반에 놓고 선반에 보관한 다음, 사실대로 말하자면 잠시 잊고 있었다. 3개월 후 문득 쟁반이 생각나 찾아봤을 때 이미 쟁반은 온상으로 변해 있었고, 그곳에서 수십 개의 씨앗이 아주 작은 사비나나무와 노간주나무 묘목이 되어 있었다. 그는 들뜬 마음에 나에게 소식을 전해 직접 보게 해주었다. 물론 우리 두 사람 모두 여우가 사비나나무 열매를 먹고 발아 가능한 씨앗을 배설한다는 사실을 알고 있었지만, 전혀 예상치 못했을 때 직접 확인하게 되어 흥분될 수밖에 없었다. 개구쟁이 여우들이 자고새와 닭에게 큰 피해를 준다는 부당한 평판도 있지만, 관목과 나무를 심어 멋진 경관을 만들기 때문에 생태계에서는 정말 소중한 존재라는 사실도 다시 한번 떠올릴 수 있었다. 물론 곧 보게 될 테지만 여우가 이런 일을 하는 유일한 동물은 아니다.

식물은 움직일 수 없기 때문에 씨앗이 대신 이 일을 맡는다. (꽃가루와 마찬가지다. 양쪽에서 일어나는 과정은 상당한 유사성이 있다.) 여기에는 다양한 이유가 있다. 가장 중요한 이유는 어미 식물에서 멀리 떨어진 곳에 가서 발아하고 자랄 수 있기 때문이다. 이를 통해 많은 식물이 새로운 지역을 개척할 수 있고, 근친교배(친척 간의 교배)도 피할 수 있으며, 원래 씨앗이 많던 곳에서 더 쉽게 번식하는 포식자나 병원으로부터 도망칠 수 있다. 예를 들어 잘 익은 도토리가 떨어지는 떡갈나무 아래에는 사슴, 염소, 멧돼지, 이베리코 돼지, 다양한 종의 쥐뿐만 아니라 땅에 나뒹구는 열매에 알을 낳으려는 바구미나 나방 등이 모여든다. 도토리가 이런 압력을 이겨내면 발아할 수 있지만, 어린 새싹은 다른 방문객들에게 잡아먹히거나, 빛이나 다른 자원을 놓고 어미 식물이나 근처에서 태어난 형제들과 경쟁해야 할 가능성이 크다. 반면에 어치가 도토리를 주워 부리에 물고 100여 미터 떨어진 낙엽 더미 아래 감춰둔다면, 씨앗이 살아남아 발아하여 새로운 참나무로 자랄 확률이 훨씬 높아질 것이다. 한마디로 자손을 위해서라도 식물은 자기로부터 멀리 떨어진 곳에 씨앗이 있는 것이 더 좋다. 씨앗의 여행 혹은 디아스포라(고대 그리스어에서 유래한 단어로 정확하게는 '먼 곳에 씨앗을 뿌린다'는 의미다. 식물학에서 디아스포라는 씨앗이나, 포자와 그에 수반되는 조직, 즉 산포나 번식 단위를 의미한다)가 없었다면 숲이나 관목이 우거진 곳도 존재할 수 없었을 것이고, 바다의 섬도 헐벗었을 것이며, 스페인과 비슷한 위도에 있는 토양 역시 빙하기에 이어 해빙기가 왔어도 식생을 회복하지 못했을 것이다.

식물은 씨앗이 쉽게 여행할 수 있는 다양한 방법을 개발해왔다. 어떤 식물은 다른 존재의 도움 없이 스스로 씨앗을 퍼뜨리는데, 이런 유형의 확산을 자기 산포autocoria(그리스어의 'autos'는 '스스로'를, 'choros'는 '장소나 지역'을 의미한다)라고 한다. 자기 산포를 하는 식물 중에서 가장 눈길을 끄는 것은 씨앗을 먼 곳까지 퍼뜨리기 위해 탄성 산포라는 방법을 고안해낸 독특한 매력의 식물이다. 악마의 오이 혹은 '분출 오이'라고 불리는 이 식물은 폭발성을 가지고 있는데, 조금만 스쳐도 열매가 꽃자루에서 떨어지면서 갑작스레 압력을 받아 폭발해 주변 수 미터까지 씨앗을 흩뿌린다. (가끔 실수로 이 분출 오이를 밟으면 씨앗으로 얼굴을 강하게 얻어맞을 수도 있다.)

흔히 정원에서 볼 수 있는 꽃 중에 씨앗을 퍼뜨리기 위해 누군가 혹은 뭔가가 건드려주길 간절히 바라는 것처럼 보여 '조급함'이라는 의미의 임파첸스impatiens라는 속명을 가진 것이 있다. 논리적으로 봤을 때, 씨앗을 쏘는 식물은 폭발을 위한 압력을 만들어내는 장치가 필요하다. 가든 크레스와 '소의 발'이라는 별명을 가진 바우히니아의 열매는 꼬투리가 여러 겹의 층으로 이루어져 있는데, 각각의 층이 서로 다르게 수축하여 서로에게 압력을 가하기 때문에, 특정 순간에 각각의 층이 갈라지면서 씨앗이 튀어나온다. 마드리드 대학교의 생태학자인 후안 말로는 8월이면 이베리아반도 어디서나 쉽게 볼 수 있는 애니시다, 즉 양골담초로 실험을 했다. 그는 학부 건물 옥상에서 꼬투리를 말리며 관찰한 결과, 씨앗은 최적의 조건에서 최대 7미터까지 날아가고, 평균적으로는 2.5미터 정도 날아간다는 것을 확인했다. 세쿼이아와 같이 스스로 폭발하진 않지만 열기에 의해 송이가 열리면 사나운 기세로 씨앗을 방출하는 종들도 있다.

자기 산포는 그다지 일반적이진 않다. 이보다 흔한 것은 씨앗 자체가 자기를 옮기는 운반 매개체나 외부 인자가 원활하게 작용할 수 있게 정교한 해부학적 구조를 갖는 것이다. 어떤 씨앗은 기상(대기) 현상에 의존하는데 이 경우 주 매개체는 대체로 바람이므로, 아네모코리아 anemocoria(그리스어의 'anemos'는 '바람'을 의미한다), 다시 말해 바람 산포라고 한다. 어렸을 때 우리는 민들레꽃이나 꽃차례를 불어 솜털 모양의 관모가 날아가는 것을 보고 좋아했는데, 이젠 손녀들이 그렇게 노는 모습을 보고 즐기고 있다.

관모라고 부르는 것은 대부분 흰색의 털이나 깃털이 있는 부속물로, 아주 가벼워 국화과에 속하는 많은 종의 열매 꼭대기에 위치한다. 각각의 관모는 낙하산처럼 아래에 작은 열매를 달고 있으며 기회가 되면 바람, 눈보라, 혹은 아이들이 불어대는 바람을 따라 엄마 민들레에서 떨어져 나와 멀리멀리 날아간다. 포플러나 버드나무는 작은 씨앗이 일종의 솜털(우리는 종종 꽃가루와 혼동하기도 한다)에 싸여 서로를 밀치며 허공을 맴돈다. 느릅나무나 물푸레나무처럼 키가 큰 나무에서 주로 볼 수 있는 바람 산포 씨앗 중에서 크기가 큰 것은 막질의 날개가 있는데, 이 덕분에 천천히 떨어지거나 더 멀리 날아갈 가능성이 크다. 이런 열매를 시과翅果라고 부르는데 아이들이 무척이나 좋아한다. 헬리콥터처럼 빙글빙글 돌면서 떨어지는 모습을 보기 위해 단풍나무 시과를 공중에 던져 본 적이 있는지 모르겠다.

어떤 열매나 씨앗은 민물이나 바닷물에 의해 퍼져 나가게 설계되었다. 대표적인 예로 코코야자나무(잘 알고 있듯이 그냥 야자나무라고도 한다) 열매인 코코넛을 들 수 있다. 코코야자나무는 전 세계 열대 해변에서 자란다. 적어도 어느 정도는 (인간이 돕기도 했지만) 코코넛이 파도와 해류에 밀려 그곳까지 왔고, 지금도 계속해서 밀려와 모래사장에서 싹을 틔우고 뿌리를 내렸기 때문이다. 바다 위를 수천 킬로미터씩 여행하기 위해서 코코넛은 단단한 껍질을 보호막으로 가지고 있으며, 방수 기능을 갖추고 있을 뿐만 아니라 염분에 강하고 잘 썩지 않는다. 게다가 코코넛을 덮고 있는 섬유질층은 구명조끼 역할을 하여 물에 잘 뜰 수 있게 해준다.

식물을 퍼뜨리는 바람과 물에 감사해야 마땅하지만, 제아무리 생명에 중요한 역할을 한다고 해도, 바람과 물은 물리적인 매개체일 뿐이다. 이 장을 시작하면서 여우와 어치에 대해 이야기했는데, 사실 대부분의 산포 매개체는 생물학적 특성상 동물이다(동물 산포). 개를 데리고 들에 나가보면 개의 털에 엉겅퀴나 가시가 얼마나 많이 달라붙는지 알 수 있다. 개가 없어도 상관없다. 길을 벗어나 걷다 보면 양말, 구두끈, 바지 밑단에 엉겅퀴가 잔뜩 달라붙은 채 집에 돌아오는 경우가 많다. 페가로파스*라고도 불리는 엉겅퀴는 세비야 인근에선 차비토**라고도 하고, 내가 사랑하는 멕시코의 바하칼리포르니아에서는 우이사폴레스라고 한다. 이는 키가 크지 않은 잡초와 교란된 환경에서 자라는 식물 특유의 특징인 갈고리, 돌기, 까끄라기, 가시, 작은 작살 등이 있고 끈적거리기도 한다. 다시 말해 스치고 지나가는 모든 동물의 털이나 깃털에 쉽게 달라붙을 수 있는 수천 가지의 기술을 만들어낸 것이다. 이것들이 너무 단단하게 달라붙다 보니, 어떤 사람들에게는 또 다른 만남의 경험을 떠올리게 해주었다.

스페인 왕립학술원에서 펴낸 『스페인어 역사 사전의 보고』에는 카나리아제도에서 유래한 것으로 보이는, 아메리카 대륙과 필리핀 등의 여러 나라에서 사용되는 단어가 수록되어 있다. 바로 '아모르세코'***라는 단어로, 붙여쓰기도 하지만 경우에 따라서는 아모르와 세코를 떼어 쓰기도 한다. 18세기 초 카나리아제도의 계몽주의자였던 호세 비에이라 이 클

---

* '옷에 달라붙는 것'이라는 의미다.

** '어린아이'라는 의미인데, 자꾸만 달라붙고 귀찮기도 해서 장난꾸러기 꼬마의 이미지와 중첩해 이런 단어를 사용한 것으로 보인다.

*** '사랑'을 의미하는 'amor'에 '마른, 순수한, 엄혹한'이라는 의미의 'seco'를 합성해 만든 단어다.

라비호가 펴낸 사전에서는 이 단어를 "우리 나라의 여러 식물을 가리키는 이름으로, '정원사의 사랑'이나 '가시풀'처럼 옷에 찰싹 달라붙기 때문에 이런 이름을 얻었다"라고 설명하고 있다. 떠돌이 동물의 몸에 씨앗을 뿌리는 것은 씨앗을 멀리 보내기에 더 없이 효과적인 방법이다. 숙주가 털이나 깃털을 털기 전에는, 혹은 이빨이나 부리로 씨앗을 제거하거나 긁어서 떼어내기 전까지는 쉽게 떨어지지 않기 때문이다. (점착성 씨앗은 일반적으로 크기가 작아서 운반자도 불편함을 느끼지 않고 오랫동안 붙이고 있을 수 있다.) 자바에서 1,540킬로미터 떨어진 코코스제도의 식생은 파도를 타거나 떠돌아다니는 바닷새의 깃털에 붙어 밀항한 씨앗만이 그곳까지 올 수 있었다는 것을 잘 보여준다.

하지만 점착성 씨앗이 먼 거리에서 운반되어 온 사례를 찾기 위해 그리 멀리까지 나갈 필요는 없다. 너무 일찍 세상을 뜬 내 친구 수소 가르손은 계절에 따라 이동하는 양 떼를 이끌고 여러 차례 마드리드 중심부를 가로질러 갔다. 그는 계절에 따라 북부 산악지대와 남부 목초지 사이를 오가는 가축의 이동을 적극적으로 주장했다. (우리는 수도 없이 이런 노래를 불렀다. "목동들이 엑스트레마두라로 떠나자 쓸쓸하고 어두운 산만 남았다.") 목동과 양 떼가 매년 두 번씩 여행을 떠나는 것은 분명히 전통적으로 멋진 관행이었지만, 수소는 아름다움과 전통만을 따라 움직인 것은 아니었다. 그에게는 이동로(가축 이동 경로를 유지하는 것)와 방목하고 있던 메리노 양의 생태적 역할이 더 중요했다. 그는 강연과 인터뷰를 할 때마다 생물다양성을 유지하기 위해서 유목이 절실하게 필요하다고 설명하곤 했다. 오늘날에는 양, 염소, 소 떼가 과거에 이베리아반도에서 이곳저곳을 이동하며 살았던 야생 발굽 동물들(사슴, 들소, 말, 산양 등)을 대체했다. 야생 발굽 동물들과 마찬가지로, 양, 염소, 소 떼 역시 땅을 밟고 다니면서 땅을 비옥하게 하고, 배설물로 기름지게 하고, 불이 날 수 있는 덤불을 제거한다. 그리고 이동을 하면서 수백만 개의 씨앗을 날라 다른 곳에 뿌리내릴 수 있게 해준다. 그 결과 생태 통로를 만들고 목초지를 복원하여 유전적 다양성을 증대시킨다.

생태학자인 파블로 만사노와 (앞에서 언급한) 후안 말로는 수소의 양 떼가 털에 걸린 수많은 가시나 돌기, 작은 이삭을 묻혀 다닌다는 사실을 확인했을 뿐만 아니라, 얼마나 오랫동안 그리고 얼마나 멀리까지 그것들을 가지고 다녔는지를 추론하기 위한 실험까지 했다. 이를 위해 두 사람은 이동하는 다섯 마리 양의 털에 색칠한 도꼬마리, 야생당근, 세바이디아풀, 질경이 등 4개 종의 씨앗을 일일이 붙여놓았다. 그들은 11월 세고비아의 코카에서 이 작업을 한 다음, 거의 한 달에 걸쳐 400킬로미터 떨어진 목적지 카세레스주의 토레혼엘루비오까지 양 떼를 따라갔다. 도착해서 보니 가장 점착력이 강한 도꼬마리 씨앗의 절반 정도와 다른 씨앗의 5~10퍼센트 정도가 여전히 털에 붙어 있었다. (많은 씨앗이 몇 달 후 털을 깎을 때까지 남아 있었다.) 수소는 이렇게 정리했다. "천 마리 정도의 양 떼라면 엄청난 성능의 파종 및 비료 기계인 셈이지요. 매일 대략 500만 개의 씨앗과 3톤의 분뇨를 다양한 생태계에 뿌리니까요."

500만 개라면 굉장히 많은 숫자라고 할지 모르겠다. 하지만 양과 염소, 일반적인 발굽 동물은 털에만 씨앗을 붙여 다니는 것이 아니라, (여우가 사비나 향나무 씨앗을 운반할 때처럼) 소화기관 안에도 씨앗을 넣어 다닌다. 이 이야기는 조금 후에 다시 다룰 것이다. 여기선 어떤 환경에서는 번식체가 달라붙기 위한 도구, 즉 갈고리가 필요 없을 때도 있다는 점을 덧붙이고 싶다. 예를 들어 진흙 속에서 기다리다가 진흙과 함께 동물 발에 달라붙으면 되는 것이다. 잠깐만 생각하면 쉽게 이해할 수 있을 텐데, 이런 일은 습지나 수생 환경에서 흔히 일어나지만, 우기에는 마른 땅에서도 얼마든지 일어날 수 있다. 다윈은 『종의 기원』에서 어떤 사람이 진흙 덩어리가 말라붙은 자고새의 발을 자기에게 보내왔다는 이야기를 했다. 진흙 덩어리를 깨뜨린 다음, 그 흙을 유리 덮개 아래에 놓고 물을 주었더니 서로 다른 다섯 종의 식물 82개가 싹을 틔웠다는 것이다. 그러자 현자인 다윈은 스스로에게 이런 질문을 던졌다. "매년 강풍에 휩쓸려 바다를 넘는 수많은 새와, 매년 이동하는 새들(예를 들어 지중해를 건너는 수백만 마리의 메추라기)이 발에 붙은 마른 진흙 속 씨앗을 자기도 모르게 운반한다는 사실을 과연 의심할 수 있을까?"

동물의 몸을 이용해 이동하여 몸 밖으로 배출되면서 씨앗이 퍼지는 방식으로는 부착형 동물 산포와 피식형 동물 산포가 있다. 지금까지는 수동적인 운반 사례를 주로 이야기했다. 다시 말해 운반 주체(바닷새나 양 혹은 보행자의 바지 등)가 자기 스스로 결정을 내리지 않고 자기도 모르는 사이에 화물, 즉 씨앗을 나르는 것이다. 어치 이야기에서 잠깐 나왔지만, 이런 방법과는 다른 전략을 선택한 식물들도 있다. 이들은 다양한 동물을 유인할 수 있는 영양가 있는 열매를 몽땅 만든다. 일부 동물들은 단시간에 많은 양을 먹는 건 불가능하기에 그중 일부를 멀리 가지고 가서 불경기(최소한 고위도 지역에서는 일반적으로 겨울이 이 시기에 해당한다)가 닥쳤을 때 먹기 위해 숨겨놓는다. 이런 열매 중 일부는 동물이 잊거나 잃어버려서 숨겨졌던 곳에서 발아하여 새싹을 틔우기도 한다.

호두, 개암, 도토리, 너도밤나무 열매, 아몬드 등의 견과류는 이런 식으로 퍼져 나간다. 이런 열매 대부분은 (호두나 아몬드처럼) 육질 껍질을 갖고 있거나 (개암이나 도토리처럼) 과피와 각두를 갖고 있는데, 완전히 익으면 껍질이 벗겨지면서 땅으로 떨어진다. 그러면 이런 열매를 엄청나게 좋아하는 설치류나 까마귀과에 속하는 새(어치나 갈까마귀) 같은 소비자들이 그것들을 모아 여기저기로 가져가서 얕게 묻어둔다. 이런 식물들은 이들의 협조에 엄청난 대가를 치른다. 다시 말해 많은 열매가 먹히고 말 테지만, 대신 여기서 살아남아 싹을 틔우면 혈통을 이어 나갈 수 있다.

포식자들이 수확하여 숨겨놓은 견과의 양은 깜짝 놀랄 정도다. 얼마 전 영국의 한 연구자는 헤이놀트 숲에 서식하는 어치 서른다섯 마리가 10일 동안 최대 6만 3천 개의 참나무 도토리를 물어다 묻는다고 추정했다. 그리고 벨기에의 또 다른 학자는 다람쥐 한 마리가 매년 가을에 평균적으로 2,500개의 도토리와 너도밤나무 열매를 숨긴다는 통계를 내놓았다. 이들은 일상적으로 다른 경쟁자들이 찾기 어렵게 열매를 넓은 곳에 뿌려서 얕게 묻어놓는다. 그런데도 열매는 종종 발각되어 새로운 은신처로 옮겨지기도 한다. 그러나 숨겨놓은 개체가 옮기는지 아니면 다른 동물이 옮기는지는 알 수 없기에 열매의 운명은 더욱 흥미롭다.

나의 친한 친구이자 연구자인 라몬 페레아는 가을 초입에 노란색 테이프로 표시한 1,280개의 도토리를 아이욘 산맥에 뿌려놓고 야생의 포식자들(산포자들)이 이것을 어떤 식으로 수집하는지를 연구했다. 그는 자동 비디오카메라를 이용하여 살펴본 끝에 들쥐만 도토리를 수집한다는 사실을 확인할 수 있었고, 최소한 처음 며칠 동안은 색 테이프에 별 영향을 받지 않는다는 것도 확인할 수 있었다. 들쥐는 44개(3.4퍼센트)만 그 자리에서 바로 먹었고, 나머지는 좀 떨어진 곳으로 운반해 갔다. 그중 4분의 1 이상이 사라졌고(정확히는 연구자들이 찾지 못했고), 13퍼센트는 약탈당했고, 57퍼센트는 땅에 묻혀 있거나 땅바닥에 버려져 있었다. 상당 부분이 밤마다 옮겨졌다. 가을의 끝자락에 20퍼센트 정도의 도토리는 여전히 감춰져 있었고, 그중 상당 부분은 네다섯 번이나 감춰진 곳이 달라졌다. 게다가 도토리는 더 많이 옮겨질수록 엄마 참나무에서 점점 더 멀어졌다. (최고 기록은 132미터였다.) 숲에서 참나무의 어린 새싹이 고개를 내밀 때까지 겪어야 했을 수많은 우여곡절과 그 과정에서의 행운을 한번 상상해보라!

　우리는 식물이 씨앗을 퍼뜨리기 위해서는 다소 덩치가 큰 동물이 필요하다고 생각할 수 있지만, 이런 생각은 개미를 너무 과소평가하는 것이다. 최소한 1만 1천 종에서 2만 종 이상의 식물이 자손의 운명을 개미에게 위임하고 있다. 누구나 한 번쯤 긴 행렬을 이루고 집으로 돌아가는 개미 떼를 본 적이 있을 것이다. 많은 개미 떼가 자기보다 더 큰 풀잎이나 곡물 알갱이를 입에 물고 운반하는 것을 우두커니 서서 지켜본 적도 있을 것이다. 개미와 베짱이의 우화는 개미들이 미래를 위해 얼마나 열심히 음식을 모으는지 잘 보여준다.

　이런 의미에서 개미들은 오히려 씨앗의 미래를 빼앗고 있는지도 모른다. 그러나 개미를 매개로 한 종자 산포에 적응한 식물은 조금은 색다른 시스템을 개발했다. 예컨대 조금은 맛이 없는 씨앗을 생산해내는 대신 그 안에 엘라이오솜elaiosome이라고 부르는 약간의 지방과 단백질 저장소를 마련해두는데, 바로 이것이 개미에게 매우 매력적이다. 개미는 씨앗과 유질체를 함께 집으로 가져가 유질체만 먹고 씨앗은 발아할 수 있는 상태로 방치한다. 개미에 의해 이동하는 거리는 보통 0.3미터(가장 작은 개미)에서 10미터(가장 큰 개미) 사이로 얼마 되지 않으며, 이런 시스템에 기대어 자손을 퍼뜨리는 식물은 대체로 덩치가 작은 것들이다.

지금까지 가장 연구가 많이 진행된 산포 혹은 분산 시스템은 피식형 동물 산포, 다시 말해 특정 동물의 소화기관을 이용하여 운반하는 방식이다. 동물들은 열매를 먹고 바로 그곳에 씨앗을 뱉는 것이 보통이고 가끔은 토하기도 하지만, 사실 다른 곳에 배설하는 것이 가장 보편적이긴 하다. 이 이야기의 두 주인공, 즉 식물과 동물은 상호작용을 통해 서로 이익을 얻는다. 먼저 식물은 씨앗을 자기에게서 멀리 떨어진 곳으로 보내는 데 성공하고 이에 수반된 효과까지 함께 얻으며, 동물은 씨앗을 옮겨준 대가로 먹이를 얻는다. 어떤 형태로든 목적을 달성하기 위해 서로 맹목적으로 협력하는 것이다. 그래서 '수분'(「딱정벌레 덕분에」를 보라)이나 '균근 형성'(「균류 덕분에」를 보라)과 같은 이런 유형의 관계를 상리공생으로 간주한다. 화려하고 향기로운 꽃은 곤충을 비롯한 여타 수분자들을 유인할 목적으로 식물이 진화를 통해 만든 발명품이라는 이야기를 한 적이 있다. 마찬가지로 많은 식물이 가진 달콤하면서도 향기로운 육질의 열매는 씨앗을 퍼뜨리는 동물들의 위장을 유혹하기 위해 진화가 만들어낸 미끼인 셈이다. (풀도 마찬가지다. 당나귀와 말의 똥에서 소화를 이겨낸 곡물 알갱이를 볼 수 있는데, 종종 참새가 이를 쪼아 먹는다.)

이제 이 장의 서두에 등장했던 하이메 라우의 여우 이야기로 다시 돌아가보자. 나는 이 일이 이미 40년 전에 일어났다고 이야기했다. 당시 우리는 경험도 부족했고 오늘날 사용할 수 있는 방법론(주로 분자 기법)조차 마련되지 않았었다. 그러나 멕시코 출신의 객원교수였던 또 다른 하이메가 여우들에게 무선 송신기를 달아준 덕분에 도냐나 생물보호구역 내 여우의 밀도와 이동량은 대충 파악하고 있었다. 그리고 사육 중인 동물들을 통해 여우들이 평균적으로 하루에 몇 번 열매를 먹고 배설하는지 확인하는 실험도 했다. 하이메 라우는 현장에서 수거한 배설물을 분석한 결과와 이 모든 것을 종합하여, 보호구역 내 2,400헥타르의 모래언덕과 사육장에서 가을에서 겨울로 이어지는 4개월 동안 여우들이 사비나 향나무 씨앗 300만 개 정도를 이동시킨다는 결론을 내렸다. (수만 개에 달하는 다른 식물의 씨앗은 계산에 넣지 않았다.)

그러나 씨앗 산포의 효과를 확인하려면, 이동된 양뿐만 아니라 다양한 요소를 종합하여 씨앗이 어떤 식으로 처리되었는지 그 질을 따지는 것 또한 중요하다. 일단 씨앗이 손상을 입지 않고 소화관을 통과하는 것이 매우 중요한데, 이는 관련된 식물과 동물 두 종이 어떤 식으로 쌍을 맺는지에 달려 있다. (예를 들어 멧돼지 이빨에 산산조각 날 가능성이 있는 씨앗도 오소리로부터는 아무 손상도 입지 않고 배설될 수 있다.) 여우와 오소리는 진정한 의미에서 야생 올리브나무, 카마리나, 도금양, 노간주나무, 사비나 향나무, 블랙베리, 야자나무, 여타 관목 등의 씨앗을 퍼뜨리는 역할을 하는 데 비해, 사슴은 이런 식물 종의 번식체 대부분을 파괴하고, 멧돼지와 토끼는 중간 정도의 역할을 한다. 호세 마리아 페드리아니의 지도로 이 주제에 대해 폭넓게 연구해온 도냐나 연구소에서는 이미 이 사실을 잘 알고 있었다.

두 번째 문제는 손상을 입지 않고 배설된 씨앗의 발아 능력인데, 이 역시 관련된 동물 종에 따라 많은 차이가 있다. 일반적으로 열매가 부서지지 않으면 발아도 잘 되지 않는다는 사실(과육이 억제제 역할을 한다)과, 위산이 씨앗의 껍질을 부드럽게 만들기 때문에 소화작용은 오히려 씨앗의 활성화에 큰 영향을 미치지 않거나 긍정적이라는 사실 또한 밝혀졌다.

세 번째로 고려해야 할 요인은 배설 방식과 장소다. 일부 동물은 집단으로 변을 보는 장소를 만드는데 이런 식으로 배설물이 집적되어 있으면 오히려 씨앗 간 경쟁이 생겨 씨앗이 발아하여 성장하는 데 도움이 되지 않는다. 게다가 배설 장소가 새로 태어난 식물이 뿌리를 내리기에 불리한 환경인 경우 생태 차원의 부정적 효과로 인해 확산에 실패하고 만다.

(반대로 씨앗이 좋은 환경에 떨어질 수도 있다.) 물론 때로는 씨앗이 바구미와 같은 포식자에게 지나치게 노출될 수 있다. 한마디로 말하면 씨앗의 디아스포라는 아주 격동적이고 복잡한 모험인 셈이다.

포유류는 피식형 동물 산포 씨앗의 주요 확산자는 아니다. 여기에 참여하는 동물들의 면면은 정말 다양하다. 많은 씨앗이 물고기의 뱃속에 들어가 이동한다는 사실을 안다면 놀라지 않을 수 없을 것이다. 아마존 유역의 저지대 열대우림 지역 대부분은 1년 중 여러 달 동안 물에 잠겨 있다. 아마존 생태계에서 살아가는 수많은 나무가 열매를 맺는데, 홍수가 나면 열매는 당연히 물에 떨어진다. 이들 대부분은 코르크 껍질이나 다른 장치를 보유하고 있어, 일정 시간은 부력을 유지하지만 언젠가는 물고기에게 먹히는 신세가 된다.

나는 일 때문에 친구와 함께 몇 년 동안 브라질의 마나우스로 여행을 갔다. 그곳은 네그루강이 솔리몽이스강으로 흘러들어 아마존을 형성하는 곳인데, 이곳에서 우리가 가장 좋아했던 취미는 시장 방문이었다. 스페인의 어시장보다 훨씬 더 다양하고 많은 생선이 판매되고 있었는데, 생선들의 독특한 생김새와 크기에 놀라지 않을 수 없었다. 그런데 이 수많은 생선이 씨앗을 퍼뜨리는 역할을 한다. 이곳에서 가장 많이 소비되는 생선 중 하나로 힘이 장사인 탐바키(오늘날엔 양식도 하는데, 파쿠라고 부르기도 한다)는 홍수기에 거의 열매만 먹고 산다. (5킬로그램 미만의) 작은 것들은 강한 턱으로 씨앗을 부수지만, 10킬로그램이 넘는 것들은 씨앗을 삼켰다가 그대로 배설한다. 다양한 크기와 종의 메기목 생선들도 마찬가지다. 심지어 일부 피라냐도 곡물을 분산하는 역할을 한다.

물고기가 배설한 씨앗은 물이 정체된 곳에 이르면 바닥에 가라앉는데, 이때 산소 부족으로 발아가 촉진된다. 홍수가 끝나면 어린 새싹이 나온다. 어류의 몸을 이용한 번식체의 운반은 열대 지방의 범람원에서만 일어나는 일은 아니지만, 상대적으로 이곳에서 훨씬 더 많이 일어난다. 300종에 가까운 어종이 열매를 먹고 최소한 가끔 씨앗을 퍼뜨린다고 알려졌는데, 여기에는 우리와 친숙한 뱅어와 잉어도 속한다.

가장 중요한 씨앗 산포자는 새라고 할 수 있다. 4천여 종 이상의 새가 빈도의 차이는 있지만, 열매를 먹고 보통은 배설을 통해 번식체를 퍼뜨린다고 추산된다. 훌륭한 조류학자인 영국인 데이비드 스노는 열매의 생산, 생김새, 영양가 등은 오랜 진화 과정에서, 자기도 모르게 씨앗을 퍼뜨려줄 가능성을 지닌 다양한 종의 많은 개체를 유인할 수 있는 방향으로 설계되었다고 주장한 최초의 인물 중 한 사람이다. 노간주나무 열매의 알싸한 진Gin의 향은 여우를 유인하는 것과 무관하지 않으며, 호랑가시나무 열매의 붉은색은 개똥지빠귀를 유인하는 데 영향을 미친다.

마찬가지로 북반구에서는 수많은 나무와 관목이 열매를 생산하는 시기가 이를 먹이로 삼는 철새의 개체 수와 연관되는 경향이 있다. (마치 식물이 '아무도 먹지 않을 텐데 왜 열매를 생산해야 하지?'라고 생각하는 것처럼 말이다.) 카를로스 에레라와 페드로 호르다노는 몇 년 전 스페인 하엔주의 카소를라에서 야생 체리와 같은 일부 종의 수확량 대부분이, 휘파람새부터 붉은꼬리딱새까지 월동을 위해 날아온 겨울 철새에 의해 거둬진다는 것을 확인했다. 앞에서 씨앗을 먼 곳까지 운반하는 일에서 양 떼의 이동이 중요한 역할을 한다고 강조했는데, 월동을 위해 이동하는 철새의 역할은 이보다 훨씬 크다. 젊은 동료들인 두아르테 비아나와 라우라 강고소는 카나리아제도의 작은 섬에서 엘레오노라매*에게 잡힌 철새의 위 내용물을 분석한 결과, (매년 수백만 마리가 이동한다는 점을 고려하면) 개체 수가 많진 않지만 그래도 상당수 철새의 위에서 카나리아제도로부터 멀리 떨어진 곳(아마도 이베리아반도나 모로코)에서 섭취한 씨앗을 발견했다.

조류 외에 포유류 역시 씨앗을 퍼뜨리는 데 아주 중요한 역할을 맡고 있다. 앞에서 언급한 여우와 오소리처럼 모든 것을 먹는데도 육식동물로 분류된 종(담비, 곰, 사향고양이과와 같이 열매를 먹는 동물들)뿐만 아니라 주로 열매를 먹는 박쥐와 영장류가 이런 역할을 한다. 열대 지방에 서식하는 300여 종의 박쥐는 주로 열매를 먹는데, 열매만 먹는 종도 적지 않다. 이 중 일부는 아메리카 대륙에만 서식하는데, 잎코박쥐 그룹(코에 창끝 모양의 돌출 구조가 있어서, 이를 음파탐지에 사용한다)에 속한다. 여기에는 열매를 주로 먹는 종부터 곤충을 주로 먹는 종, 꿀을 좋아하는 종, 흡혈박쥐 종(뱀파이어), 척추동물을 사냥하는 종까지 다양한 습성을 가진 박쥐들이 포함된다. 또 날여우라고 불리는 박쥐는 구대륙에 주로 서식하며 식물(거의 모든 열매 혹은 꿀)만 먹는데, 일부 종은 체중이 1킬로그램에 근접하거나 그 이상인 경우도 있다(「박쥐 덕분에」를 보라).

---

* 몸길이 40센티미터 정도의 늘씬한 매과의 새로, 주로 지중해 근처에서 많은 시간을 보낸다. 이름은 이 새의 보호에 큰 역할을 했던 사르데냐의 여왕 이름인 '엘레오노라'에서 따왔다.

박쥐는 수백 종의 식물 씨앗을 퍼뜨리는데 주로 여타의 새들과는 다른 식물의 씨앗을 퍼뜨린다. 게다가 먹이를 먹은 곳에서 둥지로 날아가는 도중에 많은 씨앗을 배설하여, 다른 방법으로는 식물의 입식이 어려운 교란된(자연 생태계의 안정적인 상태가 깨진) 지역의 숲을 되살리는 데 도움을 주기도 한다. 실제로 구아르모스(세크로피아속) 나무*처럼 박쥐에 의한 산포에 적응된 수종은 나무가 자라지 않던 지역에서 제일 먼저 싹을 틔운다. 박쥐는 상대적으로 0.5센티미터가 채 안 되는 작은 씨앗을 삼켰다가 배설을 통해 퍼뜨리지만, 때때로 큰 씨앗을 먹기도 하고 이를 운반하다가 떨어뜨리기도 한다.

영장류(광의의 원숭이들)는 가끔 먹이를 먹다가 씨앗을 뱉어내는데, 때로는 손에 들거나 입에 담은 채로 열매를 얻은 곳에서 상당히 멀리 떨어진 곳까지 간다. 혹은 삼켰다가 배설하기도 하는데, 보통 더 먼 곳까지 씨앗을 옮긴다. 예를 들어 짖는원숭이의 경우, 피식형 동물 산포의 최대 거리가 500미터에서 1킬로미터에 달한다고 추정된다. 그리고 침팬지는 최대 3킬로미터까지 씨앗을 옮기고 작은 종들도 수백 미터는

---

*   중남미 열대 지역의 교란된 숲에서 흔히 볼 수 있는 나무로, 가늘고 흰 고리 모양의 줄기와 우산처럼 배열된 큰 잎이 특징이다.

충분히 옮긴다. 영장류는 새나 박쥐에 비해 개체 수도 많고 덩치도 크기 때문에, 열대우림에서 이들이 배출하는 바이오매스(총중량)는 전체 과일식 동물의 25~40퍼센트를 차지한다. 이는 씨앗 운반 능력이 상당히 높다는 것을 시사한다.

킴 맥콘키가 보르네오에서 수행한 연구에 따르면, 긴팔원숭이는 자신이 먹은 열매의 81퍼센트를 퍼뜨리고, 12퍼센트의 씨앗만 파괴하는 것으로 나타났다. 평균적으로 긴팔원숭이 무리는 매년 1제곱킬로미터당 최소한 1만 6천 개의 씨앗을 이동시켰고, 그 결과 몇 달 뒤 1헥타르당 13개 정도의 어린나무가 태어났다. 영장류에 속하는 우리 인간도 제대로 씹지 않았거나 방심해서 그냥 삼켰던 씨앗을 그대로 배설한다는 것도 이야기하고 싶다. 나의 논문 지도교수이자 처음으로 도냐나를 지키고자 나섰던 호세 안토니오 발베르데는 상상력이 풍부한 과학자였는데, 재배라는 아이디어는 가족들이 정착지 뒷마당에 싼 배설물 더미에서 식물이 자라는 것을 본 여성의 머리에서 나왔을 거라고 확신했다.

온대 지역 식물 종의 절반 이상이, 그리고 열대 지역 식물 종의 80~90퍼센트가 동물, 특히 척추동물에 의해 퍼뜨려

진다. 장기적인 생존을 위해 동물에 의존하는 것이다. 전 지구 차원에서 씨앗을 전파하려는 노력을 경제적으로 정량화하는 것은 사실상 불가능하다. 다시 말해 우리는 언제나 이를 과소평가하려고 할 것이다. 사실 근사치를 추정하기도 어렵다. 왜냐하면 앞서 살펴본 바와 같이 이 자체가 매우 가변적이고, (정의상) 먼 거리에서 일어나며, 많은 시도가 있더라도 도중에 실패로 끝날 가능성이 클 뿐만 아니라, 성공 역시 오랜 시간이 지나야만 계량할 수 있기 때문이다. 여우가 배설한 야생 체리 씨앗이 나중에 발아해서 새로운 체리를 생산할 수 있을지 여부를 알려면 적어도 몇 년은 필요하다. 그래서 일반적인 관점에서만 이야기할 수 있다.

예를 들어 목재로 사용되는 수많은 종, 과일나무, 약용식물들은 씨앗을 운반하는 동물들이 사라지면 마찬가지로 사라질 것이라고 말할 수 있겠다. 그리고 자연경관도 형편없어질 것이다. 탄소를 잡아놓고 토양 침식을 통제하며 물을 가둬놓는 일을 하는 숲도 황폐해질 것이다. 최근의 한 연구는 수천 년 동안 이루어진 인간의 인위적인 활동이 동물들의 개체 수 감소를 야기해, 씨앗 산포 서비스의 60퍼센트가 줄어들었다고 밝혔다. 이는 기후변화라는 도전에 직면하여 식물도 이동해야 할 필요성이 대두된 지금 매우 심각한 문제일 수밖에 없다.

몇 가지 예외를 제외하면, 각 식물 종은 다양한 동물에 의해 씨가 퍼뜨려지고, 각각의 동물은 다양한 식물 종의 씨앗을 퍼뜨린다. 여기서 식물 종은 꽃과 수분 매개자의 네트워크나 땅속에서 균근으로 엮인 균류와 나무의 네트워크처럼 수백만의 상호작용으로 이루어진 복잡한 네트워크가 합류하는 지점이다. 이러한 네트워크는 지구상의 생명체, 더 나아가 우리의 생명까지 지지해준다. 수천 년 동안 열매를 먹으며 무의식중에 지구 경관의 조경사 역할을 해왔던 여우, 새, 원숭이, 박쥐에게 감사해야 할 이유는 차고 넘친다. 지난 세기에 켄트 레드퍼드가 썼듯이, 만약 이들이 없었다면 아무리 수많은 나무를 뽐내는 숲이라도 결국 텅 빈 공간이 될 수밖에 없고, 그 결과 언젠가는 사형선고를 받을 것이다.

아, 한 가지를 잊었다! 증명할 수는 없지만 내 정원에 쥐똥나무를 심은 것은 구관조라는 결론에 도달했다.

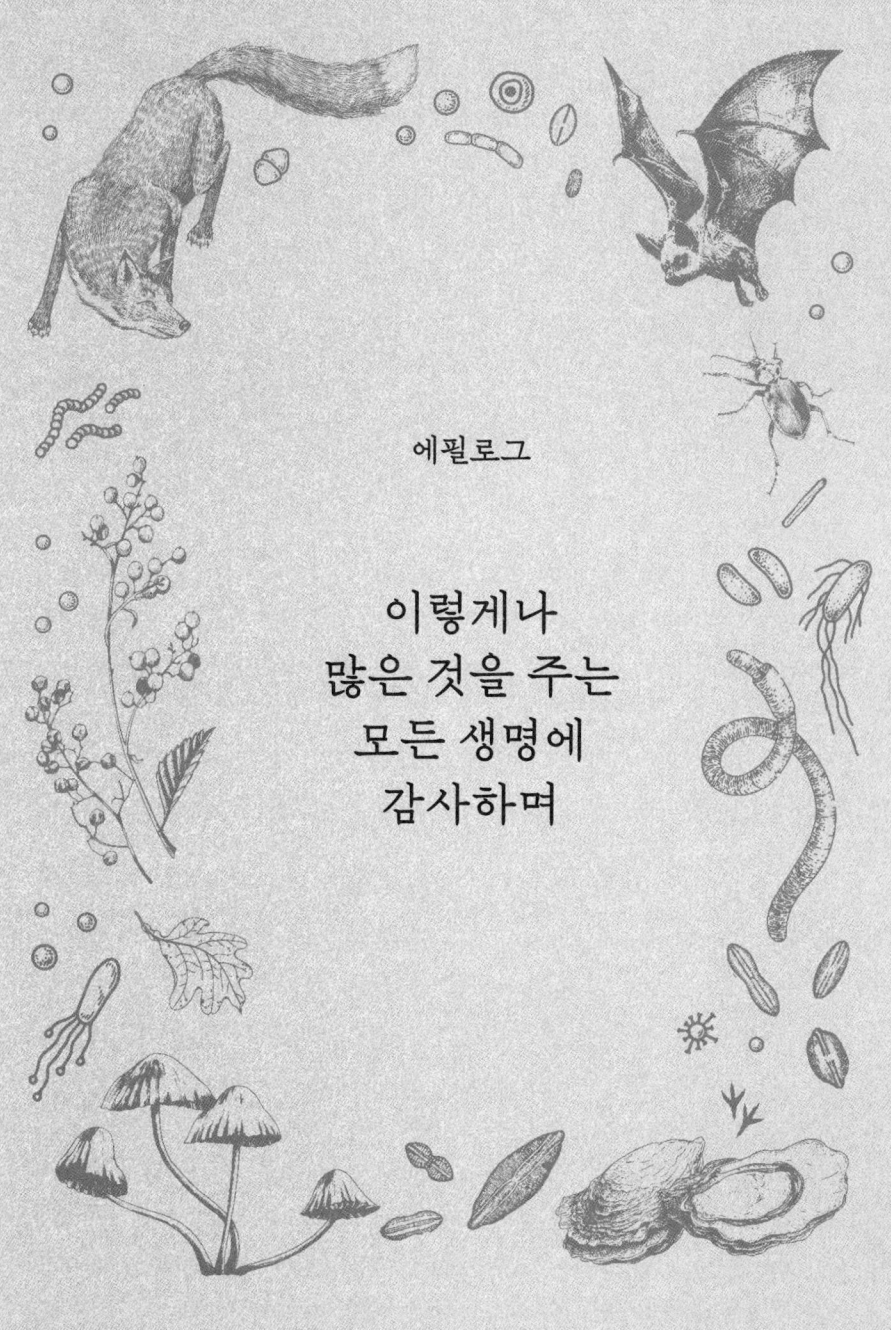

에필로그

이렇게나
많은 것을 주는
모든 생명에
감사하며

여기까지 읽은 분 중에는 내 주장이 일정 부분 오류에 빠졌다고 비난할 사람도 있을 것이다. 물론 그럴 만한 이유도 있다. "한편으로는 미생물에 감사해야 한다면서 다른 한편으로는 다행히도 균류와 잡초가 미생물을 죽일 방법을 발명했다고 이야기하고 있습니다. 그리고 곤충이 필요하다고 말하면서 동시에 박쥐가 곤충을 잡아먹는 것에 감사해야 한다고 이야기하고 있고요. 이런 식의 예를 너무 많이 들고 있는 것 아닌가요? 그렇다면 어떤 말에 수긍해야 하나요? 만약 좋은 생물다양성과 나쁜 생물다양성이 존재한다면 미생물과 곤충, 둘 중 하나만 돌보고 다른 하나는 뿌리를 뽑아야 하나요?" 나 역시 여러분이 곤혹스러워하는 것을 이해한다. 모순 같아 보였다면 그것은 현실을 지나치게 조각내어 이야기한 내 잘못이다. 서문에서 이야기했듯이 이런 식으로 주제에 접근하는 것은 조금은 비과학적일 수밖에 없다. 우리는 전체 생명계를 구성하는 부분을 따로따로 떼어 살펴보았다. 하지만 우리가 속한 생명계의 중요성은 절대로 부분으로 나눌 수 없다. 본질적으로 서로서로 얽혀 작용과 반작용으로 이루어지는 거대한 전체이며, 이러한 작용과 반작용이 생물권을 우리 인간종을 비롯한 다른 생물 종들에게 맞는 역동적이며 이상적인 균형 상태로 유지해주기 때문이다.

다윈은 모든 유기체가 가능한 한 많은 후손을 남기고 싶어 한다는 사실을 우리에게 잘 보여주었다. 다윈의 이론은 바로 여기에 뿌리박고 있다. 가장 잘 적응한 개체가 살아남는다고들 하지만 여기서 '적응한'이라는 말은 더 많은 자손을 낳을 수 있고, 그 자손 역시 더 많은 자손을 낳을 능력이 있다는 것으로 이해해야 한다. 물리적 환경과 여타의 살아 있는 생명체들이 일정 정도 한계(균형 장치)를 부과하지 않는다면 가장 성공을 거둔 생명체의 개체 수는 증가에 증가를 거듭해, 결국 모든 자원을 차지할 뿐만 아니라 지구를 다 차지하고 쓰레기 더미로 만들 것이다. 가장 좋아하고 가장 유용한 식물과 동물, 예를 들어 초콜릿의 재료가 되는 코코아와 꿀벌을 한번 생각해보라. 그리고 잠시 이들의 개체 수를 통제하지 못했다고 상상해보라. 머지않아 우리는 이들을 유용하다고 생각하지 않을 테고 마치 위험한 해충을 보듯 이들과 맞서 싸울 것이다(「박쥐 덕분에」를 보라).

한마디로 아름답고 조화로운 세상에서는 코코아와 꿀벌이 필요한 건 물론이고, 그들이 살아갈 수 있도록 도와주는 여타의 모든 유기체(미생물, 균류, 지렁이, 수분을 돕는 모기, 꽃, 원숭이)와 그들의 과도한 번식을 막아주는 생물(페커리*, 벌잡이새), 그리고 그들의 폐기물을 재활용해주는 생물이 모두 필요한 것이다. 이런 한계에서 벗어날 방법을 터득한 종은 단 하나로, 그들은 걷잡을 수 없이 증가하여 심각한 환경문제를 일으키고 있다. 과연 어떤 종인지 한번 맞춰보라.

전반적으로 이 책에는 수백만 년 전에 발생했지만 지금도 여전히 중요한 사건들이 가끔 등장한다. 이는 우연이 아니다. 생명체는 35억 년 전에 아주 원시적인 박테리아와 유사한 형태로 출현했다. 신진대사와 생식을 구분된 공간 안에

---

*   하벨리나 또는 스컹크돼지, 아메리카멧돼지라고도 한다.

서 하나로 연결하려는 수많은 시도 중에서 성공한 것도 있지만, 상당수의 시도는 여전히 진행 중이다. 어쨌든 현재 살아 있는 모든 생명체는 서로 관계를 맺고 있으며 고대부터 이어져온 공통 조상의 후손이라는 점을 고려한다면, 짧은 시간에 단 하나의 계통만 살아남게 되었다는 점은 분명한 사실이다.

오류를 동반한 생식 자체가 생명체의 특징이기도 해서 가장 중요한 원시 박테리아의 후손들은 서로 완벽하게 닮지는 않았다. 특정 분야에서는 어떤 것이 다른 것보다 더 효율적일 수 있었고, 이런 경우에 바로 분화가 일어났다는 것은 의심의 여지가 없다. 이와 동시에 필연적일 수밖에 없었던 사실은 이렇게 서로 다른 것들 역시 서로 관계를 맺었다는 것이다. 결국 이 모든 것은 물질과 에너지를 주변 환경과 교환하는데(이 역시 생명체의 또 다른 특징이다), 이 과정에서 주변 환경을 변화시켰다. 그리고 시간이 흐르면서 다양한 화학 자원을 이용할 수 있는 유기체, 다른 유기체를 잡아먹는 유기체, 다른 유기체의 폐기물을 이용하는 유기체, 포식자를 통제하기 위해 독소를 만드는 유기체 등이 등장했을 것이라고 상상해볼 수 있다. 원시 박테리아 집단은 주변 환경과 함께 진화해 나가는 상호작용의 네트워크에 맞춰 나갔고, 각각의 구성원들은 서로에게 혹은 전체에 의존할 수밖에 없게 되었다. 그때부터 많은 일이 일어났다. 대기에 산소가 넘쳐났고, 균류와 동물, 식물이 출현했으며, 엄청난 대량 멸종 사태가 발생했고, 호모사피엔스가 출현했다.

그러나 가장 근본적인 것은 변하지 않았다. 우리 인간과 마찬가지로 모든 생물다양성은 진화 과정의 결과물로서 다양한 방식으로 서로 연결되어 있다. 어떤 유기체는 다른 유기체를 잡아먹는데, 이때 잡아먹히는 유기체는 자기를 잡아먹는 유기체의 배설물을 먹고 살아가기도 한다. 이는 (자연에서 발생한 것은 하나도 남김없이 모두 사용되는) 순환 경제의 좋은 예다. 덕분에 공기와 물이 정화되고, 자연경관이 조성되고 유지되며, 아름다움이 생겨나고 번영이 이루어진다. 물론 중복적인 요소가 있는 것도 사실이다. 예를 들어 다양한 나무가 탄소를 포집하고 산소를 방출하며, 수많은 다양한 곤충이 꽃의 수분을 돕고, 많은 균류는 죽은 것들을 분해한다.

하지만 각자 자기 방식으로 일하지, 똑같은 방식으로 일하진 않는다. 유사한 활동이 반복된다고 해서 그것이 불필요한 유기체가 존재함을 의미하는 것이 아니라, 복잡성은 힘과 회복력을 주기 때문에 오히려 살아 움직이는 네트워크를 강화하고 활기를 불어넣는다. 박테리아를 제외하고도 현존하는 800만, 1,200만, 아니 1,500만 종의 생명체는 환경의 가변성 앞에서 우리에게 안전망이 되어주고 있다. 우리가 생물종을 제거하고, 연결 고리를 약화하거나 파괴하면 전체 생태계의 안전성이 위태로워질 뿐만 아니라, 결국 우리에게 부적합한 다른 균형 상태로 전환될 가능성이 크다.

좋은 사례가 바로 '원 헬스One health' 개념이다. 이는 하나의 지구적 건강을 강조하는 개념으로 21세기 초에 제기되었지만 코로나19 팬데믹 이후에 크게 강화되었다. 일반적으로 '원 헬스'라는 영어 표현 그대로 사용되는데, 좀 모호하긴 하지만 오래전부터 잘 알려진 개념이다. 인간의 건강, 동물의 건강, 그리고 인간과 동물과 식물이 함께 속한 생태계의 건강한 보전이 서로 연결되어 상호 의존 관계에 있다는 것이다. 더 구체적으로 이야기하면 원 헬스 접근법은 질병 치료보다는 예방에 방점을 찍는다. 그러므로 인간의 건강과 관련된 문제를 다룰 때, 의사뿐만 아니라 수의사, 자연 지킴이, 목장주와 농부, 지구 변화를 연구하는 과학자가 모두 중요하다는 관점을 견지한다.

지구 전 지역을 침범해가는 인구의 증가로 인해 야생동물이든 가축이든 다른 동물 종들과 더 긴밀하게 접촉하게 되면서 인수 공통 질병에 걸릴 가능성이 훨씬 커졌다. 세계동물보건기구WOAH의 발표에 따르면, 인간이 걸리는 질병의 60퍼센트가 동물에게서 유래하며 신종 감염병의 경우 그 비율은 75퍼센트까지 증가한다. 궁지에 몰리거나 개체 수가 최소 단위로 줄어든 야생동물 집단은 면역반응 능력을 잃어 질병에 걸릴 가능성도, 우리에게 병을 옮길 가능성도 커진다. 그러나 인수 공통 감염병이 중요하긴 하지만 문제가 이것만은 아니다. 깨끗한 물을 사용할 수 있는 권리는 사실 생물다양성에 달려 있고, 먹거리의 안전성 역시 수분 매개자에게 달려 있으며, 기후 조절은 숲과 습지, 맹그로브 숲에 달려 있다. 오염된 물, 부적절한 식단, 상식을 벗어난 날씨가 우리를 병들게 하는 것이다.

인류가 직면한 문제를 폭로하고 있는 가장 탁월한 생태학자 중 한 사람인 페르난도 바야다레스는 '인류의 건강'이라는 인터넷 사이트(https://lasaluddelahumanidad.com)에 일상적으로 자신의 우려와 지식을 밝히고 있다. 그는 시오마라 칸테라, 아드리안 에스쿠데로와 함께 쓴 『지구의 건강』이라는 짧은 책에서 이렇게 밝혔다. "생물다양성은 생태계가 제대로 작동하는 데 핵심적이며, 생물권과 우리 인간의 생태적 온전성은 생물다양성의 보전과 자연의 역동성에 달려 있다. 우리는 인간 건강의 궁극적인 원천을 무시하기로 마음먹은 것처럼 행동하고 있다. (…) 붕괴를 피하기 위해서는 인간의 환경 발자국을 줄이고 지구 건강을 회복해야 한다." (책임감에서라도,

가축을 관리할 때 질병 예방이나 체중 증가의 목적으로 항균제를 남용하는 데서 비롯된 초내성균 때문에 인류에게 심각한 위험이 도래하고 있다는 사실을 다시 한번 이야기하고 싶다.)

우리를 둘러싸고 따뜻하게 맞아주는 모든 생명체는 우리가 질병에 걸리는 것을 막아줄 뿐만 아니라 질병을 치료해주기도 한다. 육체적, 정신적 풍요와 관련된 문제의 해결을 위해 자연과의 접촉을 처방하는 의사가 점점 더 많아지고 있을 정도다. 2021년, 18개국의 1만 6천여 명을 대상으로 설문 조사를 진행한 결과, 녹지대(숲이나 초원)나 수변 지역(해안, 호수나 강 주변)에 사는 사람들이 전반적으로 더 높은 만족감을 보이며 불안이나 고통 같은 문제를 덜 겪는 것으로 나타났다. 같은 해에 유럽 26개국의 2만 6천여 명을 대상으로 진행한 설문 조사에서는 매우 흥미로운 결과가 나왔다. 한 나라의 조류 다양성이 소득만큼이나 사람들의 행복에 큰 영향을 끼친다는 것이다. 이런 유의 많은 연구가 자연과 접촉하며 사는 사람들이 일반적으로 항불안제, 진통제, 혈압강하제, 천식약 등을 덜 복용한다는 사실을 보여준다.

나는 몇 년 전 시골이나 해안가에 있는 교도소보다 도시의 교도소에서 폭동이 훨씬 더 빈번하게 일어나고 그 양상도 더 폭력적이라는 글과, 녹색 환경에 둘러싸인 병원에서는 수술 후 회복 기간이 짧아진다는 글을 읽으며 상당히 공감할 수 있었다. 의사이자 심리학자인 아일린 앤더슨은 "몇 분이라도 야외에서 시간을 보내면 기분과 인지 기능이 좋아진다"라며, "야외 활동이 우리 뇌에 미치는 영향은 정말 특별하다고 말할 정도로 크다"라고 덧붙였다. 집에서 살아 있는 식물을 가까이 두고 싶어 하고 장식으로 꽃이나 풍경화를 선호하는 경향도 이 모든 것과 무관하지 않다. 에드워드 윌슨은 자연 및 다양한 생명체와 끊임없이 소통하려는 인간의 선천적인 성향을 '생물 애호'라고 불렀다.

이 책에서 이런 내용을 더 자세히 설명할 수도 있지만, 이미 너무 길어진 것 같다. 우리는 몇몇 사례를 토대로 대체 불가능한 자연의 혜택 몇 가지를 다루었는데, 서문에서 언급했듯이 자연이 주는 혜택은 사실 이보다 훨씬 많다. 수년간 '생물다양성 및 생태계 서비스에 관한 정부 간 패널'을 이끌었고 2019년에는 기술 및 과학 연구 부문에서 아스투리아스 공주 상을 수상한 아르헨티나의 산드라 M. 디아스는 다른 동료들과 함께 인간에 대한 자연의 기여를 3개 그룹의 18개 범주로 요약했다. 물론 부분적으로 겹치기도 한다.

1. 주로 인간이 직접 사용하는 자연 요소로, 음식, 물, 건축자재, 의약품, 연료, 섬유, 직물 등이 있다.
2. 주로 비물질적인 무형의 것으로, 인간의 심리와 연관해 자연

이 주는 주관적인 효과를 포함하는데, 이는 주로 문화에 많이 좌우되며(모든 사람이 선진국 도시에 사는 것은 아니다) 삶의 질에 큰 영향을 미친다. 예를 들어 쾌락, 영감, 종교적 감정, 소속감, 사회적 응집력 등을 들 수 있다.

3. 생명체와 생태계의 기능적, 구조적 측면에서 '조절 혹은 규제'를 한다. 즉 공기와 물의 정화, 기후 조절, 비옥한 토양의 형성과 유지, 수분 등이 이루어진다.

나는 이미 너무 당연하게 여겨지는 몇 가지 물질적 기여, 예컨대 우리가 거의 가공하지 않고 있는 그대로 사용하는 '자연산 제품들'에는 주의를 기울이지 않거나, 거의 기울이지 않겠다고 미리 밝힌 바 있다. 자연산 제품으로는 동물성 혹은 식물성 식품, 향신료, 가축 사료, 비료로 사용되는 구아노, 목재, 종이, 다양한 섬유, 땔감과 바이오 연료, 화장품, 향수, 산업용 오일, 고무 등을 들 수 있다. 우리는 앞에서 토양에 쌓인 독성의 제거나 지력의 회복과 같은 중요한 과제에 대해서는 열심히 고민했지만, 이에 못지않게 중요한 물이나 공기의 정화는 신경 쓰지 못했다. 기후 조절을 도와줄 수 있는 탄소 저장이나 침식을 막아주는 굴에 대해서는 이야기했지만, 물의 순환을 안정적으로 만들어 홍수와 범람을 완화하는 식생의 역할에 대해서는 별로 이야기하지 않았다. 식물, 균류, 동물 등이 지닌 심미적 가치, 그들의 문화적 중요성, 영감의 원천이자 사회적 결속 도구로서의 역할, 심리적 효과, 과학에 대한 기여 등과 같은 조금은 모호하고 주관적이긴 하지만 매우 중요한 비물질적인 측면에 대해서도 거의 언급하지 않았다. (그러나 환각 효과가 있는 멕시코의 신성한 버섯, 파시족의 콘도르, 조금 전에 이야기한 생물 애호 등은 기억할 것이다.)

인간이 존재하기 훨씬 전부터 꽃은 향기와 색의 아름다움을 발견했고(엘리아스 카네티는 "아름다운 색만으로도 영원히 살 가치가 있다"라고 했다), 새들은 소리의 조화 속에서 아름다움을 발견했다(파블로 네루다는 새를 "음악의 푸른 창작자"라고 했다). 적어도 몇 가지 덧붙일 말이 남아 있긴 하다. 생물다양성이 미래에 잠재력을 가지고 있기에, 우리는 생물다양성이 어디에 필요할지, 우리에게 어떤 선택과 기회를 제공할지 모르기에 당연히 생물다양성을 보전해야 한다. 그리고 또 하나, 생물다양성은 존재한다는 사실 그 자체로 본질적인 가치를 지닌다. 따라서 생물다양성을 보전하고 관리하기 위해 유용성을 입증할 필요는 없다.

이미 앞에서 언급하긴 했지만 바로 이러한 이유 때문에 생물다양성의 역할을 돈으로 계량하려는 시도는 조금 불편하다. 이 점에 대해서는 이 책을 시작하면서도 밝힌 바 있다. 자연은 그 자체로 가치가 있으며, 게다가 돈이 만물의 척도일 수는 없다. 신성한 숲과 나무, 동물이 많은 사람에게 선사하는 아름다움, 행복감, 좋은 기후, 소속감, 위안 등을 어떻게 돈으로 계량할 수 있단 말인가? 그러나 신자유주의 정치인들은 자유 시장 원칙을 행동 지침으로 삼는 경향이 있고, 정통 경제학자들은 가격이 사람들의 선호를 정확히 반영한다고 판단하기 때문에, 우리 자연주의자들은 종종 우리의 원칙을 양보하고 현실 세계에서(그러나 진정한 의미에서 유일한 현실인지는 잘 모르겠다) 그래도 최악은 아닌 선택으로 실용적인 접근을 취하게 된다. 다시 말해 자연의 기여에 적정한 금전적 가치를 부여하는 것이다.

이 중 최초이자 가장 널리 알려진 연구로 20세기 말 로버트 콘스탄자와 많은 동료가 수행한 연구를 들 수 있다. 연구진은 17개의 생태적 서비스의 경제적 가치를 단계적으로 평가한 다음, 이를 전체 생물권으로 확대 적용하여 이들이 매년 평균 33조 달러 이상을 기여한다는 결론을 내렸다. (지금은 약 62조 달러로 추정되는데, 다른 추정치는 두 배 가까운 수치다.) 이 수치는 전 세계 총생산과 비슷한 수준으로, 실제로는 이보다 약간 더 많았다. 이 연구는 사실 많은 비판을 받았다. (심지어 몇 년 후에 저자 자신들도 이를 비판했다.) 그러나 생물다양성

보전이 전통적인 경제학이 판단하는 것보다는 인류에게 훨씬 더 중요하다는 사실을 흑백논리로 밝혔기 때문에 엄청난 영향력을 발휘했다.

그 이후로 이런 방향의 연구에 많은 진전이 있었다. 다만 출발점 자체부터 모호한 부분이 있기에 자연이 제공하는 지구적 차원의 혜택에 대해 구체적인 수치를 부여하는 방식은 피하는 것이 보통이었다. 근본적인 변화는 경제학과 생태학의 관계에서 일어났다. 고전 경제학은 인간과 환경이 경제학이 상정한 세계의 한 부분이고 따라서 당연히 그 규칙에 따라야 한다고 생각했다. 그러나 오늘날 가장 저명한 경제학자들은 정확하게 정반대의 일이 일어나고 있다고 본다. 다시 말해 경제가 자연의 일부이며 생태학이 제시하는 규칙에 따라야 한다고 주장한다.

예를 들어 영국의 경제학자 파르타 다스굽타는 2021년 영국 정부의 요청으로 발표한 「생물다양성의 경제학」이라는 권위 있는 보고서에서 이를 지적했다. "해결책은 아주 간단한 진실을 이해하고 받아들이는 데 있다. 바로 우리 경제가 자연 밖에 존재하는 것이 아니라 자연 속에 뿌리내리고 있다는 것이다." 물리학을 벗어난 생태계는, 예를 들어 중력의 법칙이나 열역학 법칙을 무시하는 생태계는 존재할 수 없다는 사실은 누구나 인정할 수 있다. 그렇다면 생태계의 법칙이나 한계를 무시하는 경제학 역시 마찬가지일 수밖에 없다.

많은 연구는 비용과 편익 분석을 통해, 환경을 존중하는 것이 파괴하는 것보다 훨씬 더 수익성이 높다는 것을 보여준다. 하지만 미리 주의해야 할 점이 하나 있다. 단기적인 측면에서는 파괴가 일반적으로 더 많은 것을 줄 수 있다. 예를 들어 잘 보존된 숲은 기후가 주는 엄혹한 시련을 완화하고, 물을 담아두고, 땔감과 버섯, 사냥감과 과일을 생산하고, 정신을 살찌운다. 그러나 숲을 베어 나무를 팔면 한꺼번에 많은 돈을 벌 수 있다. 그렇게 '오늘의 빵이 내일의 굶주림'이라는 오래된 격언을 우리는 이미 잊고 사는 것 같다. 내 친구이자 산림 기술자인 안토니오 로페스 리요는 나무는 목재보다는 그늘 때문에 더 가치 있다는 말을 몇 년째 반복해오고 있다.

또 다른 좋은 예로 맹그로브를 들 수 있다. 바하칼리포르니아에는 맹그로브가 많지 않은데, 그마저도 새우(혹은 바닷가재) 양식장을 만들려고 파괴하고 있다. 양식장은 단기적으로 많은 수익을 창출하지만(그러나 얼마 되지 않아 염분 농도가 높아지고, 그러면 양식장을 옮겨야 한다), 어린 물고기들이 피신처로 삼는 맹그로브 숲이 사라지면 중장기적으로 해당 지역 어민들이 막대한 손실을 본다.

　내셔널 지오그래픽에서 일하는 엔릭 살라는 바다의 35퍼센트라도 적절히 보호하면 생물다양성을 보전할 수 있을 뿐만 아니라, 전 세계 어획량을 늘릴 수 있고, 트롤 어선이 해저에 축적된 엄청난 탄소를 방출하는 것을 막을 수 있다는 사실을 증명했다. 살라는 브리티시 컬럼비아 대학교 소속인 다니엘 폴리의 말을 인용하여, 우리가 현재 세상을 운영하는 방식이 거대한 피라미드식 사기나 폰지 사기와 유사하다고 지적했다.

　우리는 겉보기에만 존재하는 이익을 분배하고 있는데, 사실 이것은 진정한 의미의 이익이라고 할 수 없고 자연에서 반복적으로 끄집어낸 새로운 자본일 뿐이다. 그 결과 우리는 자연에 점점 더 많은 빚을 지게 되었다. 우리는 (생물다양성과 화석 연료와 같은) 일부 자원을 수탈하여 다른 사람들에게 그 대가를 지불하고 있다. 하지만 자연 자원이 고갈되면 이런 술책은 모두 무너지고 말 것이다. 우리는 부의 창출을 이야기하며 심지어는 얼마나 창출할 수 있는지 헤아리기도 하지만, 분명한 것은 우리가 점점 가난해지는 세상에 살고 있다는 것이다. 환경을 대가로 경제성장을 추구하는 것은 언제까지나 지속될 수 없다. 지속 불가능하다. 우리는 가능한 한 빨리 성장 이후의 시대에 적응해야 한다.

'생물다양성 및 생태계 서비스에 관한 정부 간 패널'의 2019년 보고서에는 여러 가지 우려가 담겨 있다. 예를 들어 최대 100만 종의 생물이 멸종 위기에 처해 있으며, 그중 상당수는 향후 수십 년 안에 멸종될 것이라는 내용이다. 그뿐만이 아니다. 바다에 사는 어류의 33퍼센트가 남획으로 위기에 처해 있으며, 산호초는 1870년 이후 전체 면적의 50퍼센트가 사라졌다. 이 기구의 의장인 로버트 왓슨 경은 다음과 같이 정리했다. "우리와 다른 모든 생물 종이 의존할 수밖에 없는 생태계의 건강이 어느 때보다 빠르게 악화되고 있다. (…) 우리는 전 세계에서 경제, 생계 수단, 식량 안보, 건강, 삶의 질 등의 기반을 무너뜨리고 있다." 가장 의욕적으로 연대를 강조하는 국제적인 프로그램들, 예를 들어 이해하기 어려울 정도로 많은 비난을 받은 유엔의 2030 어젠다 등이 육지 및 해양 생물다양성의 보전을, 빈곤 및 기아 종식, 보편적 보건과 교육, 불평등 해소, 정의와 평화와 같은 고귀한 목표와 밀접하게 연관되어 있을 뿐만 아니라 분리해선 안 되는 절대적인 목표로 간주하는 것도 우연은 아니다.

마틴 루서 킹 목사는 1967년 임종 직전의 크리스마스 설교에서 이렇게 이야기했다. "모든 생명은 서로 연결되어 있습니다. 우리는 상호성이라는 피할 수 없는 그물망에 얽혀 있으며, 운명이라는 단 한 벌의 옷 안에 하나로 묶여 있습니다. 한 사람에게 직접적인 영향을 미치는 것이 있다면, 다른 모든 사람에게 간접적인 영향을 미칠 것입니다." 거의 같은 시기에 가수 비올레타와 마찬가지로 킹 목사도 사람을 우선 거론했지만, 생물다양성이 만든 전체, 즉 모든 생명체를 가리켰을 가능성도 있다. 사실 킹 목사는 '지금 미국에서 크게 번영하고 있는 환경 정의 운동의 씨앗을 뿌리는 데 일조했다'는 평을 받고 있다. 인류의 운명은 "상호성이라는 피할 수 없는 그물망" 안에서 다른 모든 생명체의 운명과 연결되어 있으므로 우리는 그들에게 존경과 감사의 마음을 가져야 한다는 것이 나의 결론이고, 이 책의 내용을 한마디로 요약하는 것이다.

시작을 같이했던 아버지, 미겔 델리베스에 대한 이야기로 이 책을 마무리할까 한다. 내 주장이 아버지를 설득할 수 있었을지는 잘 모르겠다. 그러나 아버지는 이미 반세기 전에 스페인 왕립학술원 입회 소감을 밝히는 자리에서 '살아 있는 것을 잡아먹는 것', 즉 황금알을 낳는 암탉을 잡아먹는 것에 대해 이렇게 말씀하셨다. "환경을 보전하는 것이 그 무엇보다 진보이고, 본질적인 차원에서 환경을 바꾸는 모든 것은 퇴보일 수밖에 없습니다." 우리를 둘러싸고 있고, 우리와 함께하고 있는 자연은 그 자체로 소중하고 필요하며, 우리는 자연을 향유할 수 있어야 한다. 이제 그만 비올레타의 안타까운 죽음에서 벗어나 오래도록 모든 생명체에게 진정으로 감사하는 마음을 갖기를 바란다.

감사의 말

이 책의 제목 자체가 내가 가장 감사하는 대상이 생명이라는 사실을 잘 보여준다. 생명을 관찰하고 생명으로부터 배우는 것이 얼마나 큰 행복인지, 이 행복을 어떻게 누려야 할지 설명하는 일은 정말 어려운 것 같다. 그리고 이런 생명에 대해 끊임없이 연구하는 동료들의 모습에 그저 감탄할 뿐이다. 앞에서 몇몇 분을 언급했는데, 인용 여부와 관계없이 자연을 조금 더 잘 이해할 수 있도록 도와준 그들의 노고에 진정으로 감사드린다. 정말 그들에게 많은 신세를 졌다. 로드리게스 데 라 푸엔테가 인용한 어떤 독일 작가의 말처럼, "많은 소의 젖을 짜긴 했지만, 내가 만든 치즈는 내 것이다." 서문에서 작가이신 나의 아버지 미겔 델리베스에 대해 언급했다.

20년 전 아버지가 생물다양성 보전의 중요성을 조금도 의심치 않았다면 이에 대해 글을 쓸 생각을 하지 않았을 것이다. 게다가 이 책을 만드는 동안 이사벨부터 아들과 손주들까지 가족 모두가 나를 도와주었고 용기를 북돋아주었다.

    코로나19로 인해 집에 갇혀 있는 동안 이 작업을 시작했는데, 집을 떠나 시골로 가도 된다는 허가가 떨어지자마자 나는 다시 작업을 포기했다. 이때 데스티노 출판사 편집자인 에밀리 로살레스가 다시 마음을 다잡아보라고 응원해주지 않았다면 아마 절대로 마치지 못했을 것이다. 동생 헤르만은 많은 부분을 직접 읽고 좋은 방향을 제시해주었고 정보도 제공했다. 그리고 카르멘 블라스케스와 아나 크레스포도 많은 도움을 주었다. 호세 루이스 포스티고는 도꼬마리에서 영감을 받은 수많은 제품을 나에게 설명해줬지만, 이 책에서 설명할 마땅한 공간을 찾지 못했다. 페레스 데 아얄라와 그의 가족은 고인 호세 마리아에 대한 추억을 되살려주는 사진을 복사하는 것을 허락해주었다. 마지막으로 데스티노 출판사의 마르티나 토라데스도 어려울 수밖에 없었던 이 책의 마무리 작업을 좀 더 수월하게 해주었다.

GRACIAS A LA VIDA

고마운 존재들의 생태학
───────────────────

초판 1쇄 펴낸날 2025년 11월 28일

지은이 미겔 델리베스 데 카스트로 | 옮긴이 남진희
교정교열 김지연 | 디자인 조성미 | 제작 제이오
펴낸이 김민정 | 펴낸곳 두시의나무
주소 경기도 부천시 소향로13번길 14-22 8층 802호
출판등록 제2017-000070호
전화 032-674-7228   팩스 070-7966-3288
전자우편 dusinamu@gmail.com

ISBN 979-11-988762-5-6 03470

잘못된 책은 구입하신 서점에서 교환해 드립니다.
책값은 뒤표지에 있습니다.